U0174636

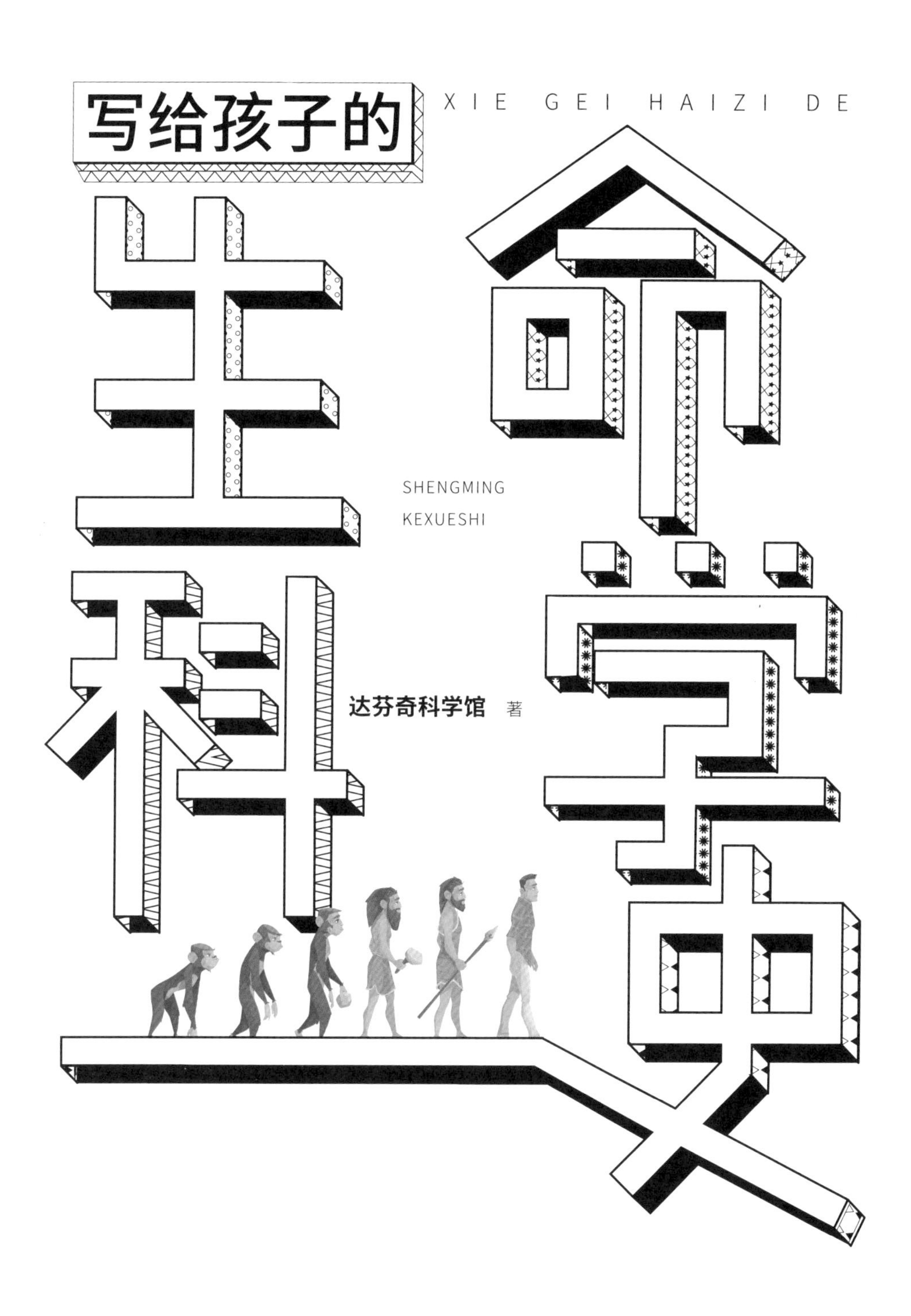

四川科学技术出版社

图书在版编目（CIP）数据

写给孩子的生命科学史 / 达芬奇科学馆著. -- 成都: 四川科学技术出版社, 2019.12（2020.7重印）
ISBN 978-7-5364-9683-5

Ⅰ.①写… Ⅱ.①达… Ⅲ.①生命科学－科学史－青少年读物 Ⅳ.①Q1-0

中国版本图书馆CIP数据核字（2019）第272567号

写给孩子的生命科学史

XIE GEI HAIZI DE SHENGMING KEXUESHI

著　　者　达芬奇科学馆
出 品 人　钱丹凝
策划编辑　高　润　花　火
特约编辑　曾柯杰
责任编辑　刘依依　胡小华
装帧设计　尧丽设计
责任出版　欧晓春
出版发行　四川科学技术出版社
成都市槐树街2号　邮政编码：610031
官方微博：http://e.weibo.com/sckjcbs
官方微信公众号：sckjcbs
传真：028-87734039
成品尺寸　170mm × 240mm
印　　张　14　　字数　280千
印　　刷　大厂回族自治县彩虹印刷有限公司
版　　次　2020年3月第1版
印　　次　2020年7月第2次印刷
定　　价　56.00元

ISBN 978-7-5364-9683-5

邮购：四川省成都市槐树街2号　邮政编码：610031
电话：028-87734035

序 Preface

说到生命，你首先可能想到的是可爱的小猫、小狗，美丽的花朵、树木，或是我们人类自己。

说到进化，你可能会有这样的疑问：地球上的生物从哪里来？我们人类从哪里来？

说到生命科学，你还可能会有这样的疑问：先有植物，还是先有动物？人类是猴子变的吗？

要想知道这些问题的答案，你必须了解生物进化的历史和生命的科学史。

鉴于此，我们编写了这本《写给孩子的生命科学史》，这本书介绍了地球上的生物从最初有硬壳的生物进化到哺乳动物的历程和故事。

本书按照生命进化的规律和趋势编写，内容不仅包括微生物（古菌、细菌、病毒、真菌）、植物、动物、人类的进化历程，还包括孩子十分感兴趣的热点话题，如：

“博物馆里的化石有什么用？”

“动植物是如何分家的？”

“植物是如何给自己治病的？”

“动物是如何登上陆地生活的？”

“人类是猴子变的吗？”

“混血儿的基因有啥优势？”

“生男生女是妈妈决定的吗？”

……

相信孩子在全面而系统地读了这些与生物进化有关的科学知识和故事之后，一定会对生命的进化历程充满敬畏，并且会更具有探索和钻研精神，对大自然中与生命有关的奇妙现象充满兴趣，产生强烈的好奇心和求知欲。

除此之外，本书还贴心地在每一部分的最后为广大孩子编写了测试题，并附有答案。其中，很多测试题还是中小学考试历年真题，相信孩子在读完和做完这些内容之后，与生命科学有关的知识储备一定会得到快速增加。

此外，孩子还可以在阅读完每节之后，自行完成“生物小档案”的填空部分，相信这种集知识性、趣味性和互动性于一体的板块设置，会让孩子学以致用、惊喜不断。

现在，让我们跟随本书，开启生物进化的神奇发现之旅，领略地球上生物成长的巨变。相信呈现在我们面前的绝对是一幅幅宏伟画卷，如眼虫、蓝藻、苏铁、有孔虫、珊瑚虫、笔石、软骨鱼、恐龙、南方古猿等，引领我们探索生命的无限奥秘。

目录
Contents

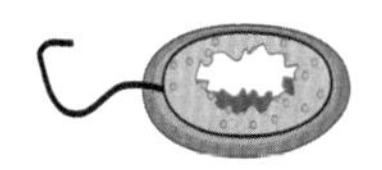

第一部分　生命的起源与进化规律

第二部分　远古时代的精灵——微生物的进化

第三部分　多姿多彩的植物进化历程

第四部分　品类繁多的动物进化历程

第一部分

生命的起源与进化规律

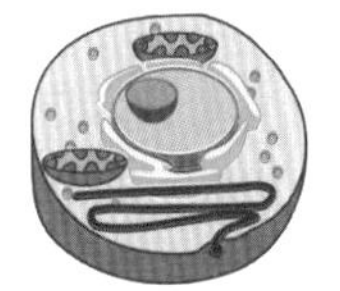
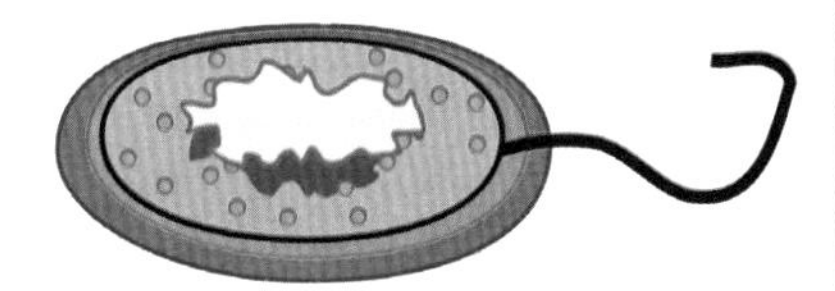

生命的化学起源说——从无机物到有机生命体

地球上存在着形形色色、种类繁多的生物。那么，丰富多彩的生物是怎样诞生的呢？

目前，广为接受的是生命的化学起源假说。当人类步入20世纪之后，生命起源的化学起源假说由俄罗斯生物化学家奥巴林和英国遗传学家霍尔丹首先提出。后来，奥巴林在他的《地球上生命起源》一书中明确提出生命起源三个步骤，即从无机到有机化合物，有机高分子到蛋白质团聚体，再到原始生命，这就是著名的奥巴林的团聚体学说。

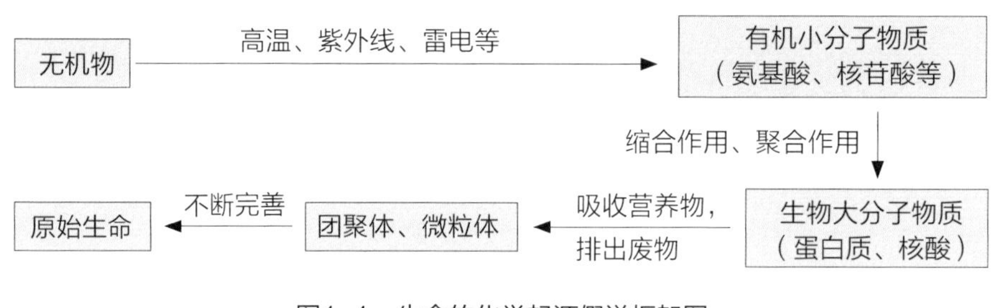

图1-1　生命的化学起源假说框架图

生命的化学起源过程，生物学家将其概括为四个阶段：

第一阶段，从无机小分子生成有机小分子

生命起源的化学说认为，化学进化过程是在原始地球环境条件下进行的。原始地球的温度很高，原始大气在高温、紫外线以及雷电等自然条件的长期作用下，使得原始海洋中形成了许多简单的有机物，如各种氨基酸，以及组成生物高分子的其他重要原料，如核苷酸、单糖等，为生命的诞生准备了必要的物质条件。

米勒的模拟实验验证了化学起源学说的第一阶段。

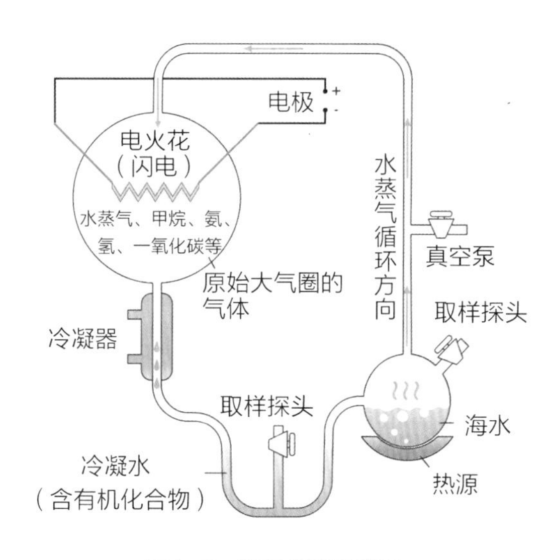

图1-2　米勒模拟实验图

第二阶段，由有机小分子物质生成生物大分子物质

经过极其漫长的积累和相互作用，在适当条件下，原始海洋中的一些氨基酸通过缩合作用形成原始的蛋白质分子，核苷酸则通过聚合作用形成原始的核酸分子。生命活动的主要体现者——原始的蛋白质以及核酸的出现，意味着生命有了重要的物质基础。

第三阶段，从生物大分子物质组成多分子体系

以原始蛋白质和核酸为主要成分的有机物，在原始海洋中经过漫长的进一步的积累、浓缩和凝集成团聚体或微粒体。它们漂浮在原始海洋中，与海水之间形成了一层最原始的界膜，与周围的原始海洋环境分隔开，从而构成独立的多分子体系。它们能够从周围海洋中吸收有用的物质来扩充和完善自己，同时又能把团聚体里的“废物”排出去，这样就具有了原始的物质交换作用而成为原始生命的萌芽。这是生命起源化学进化过程中一个很重要的阶段。

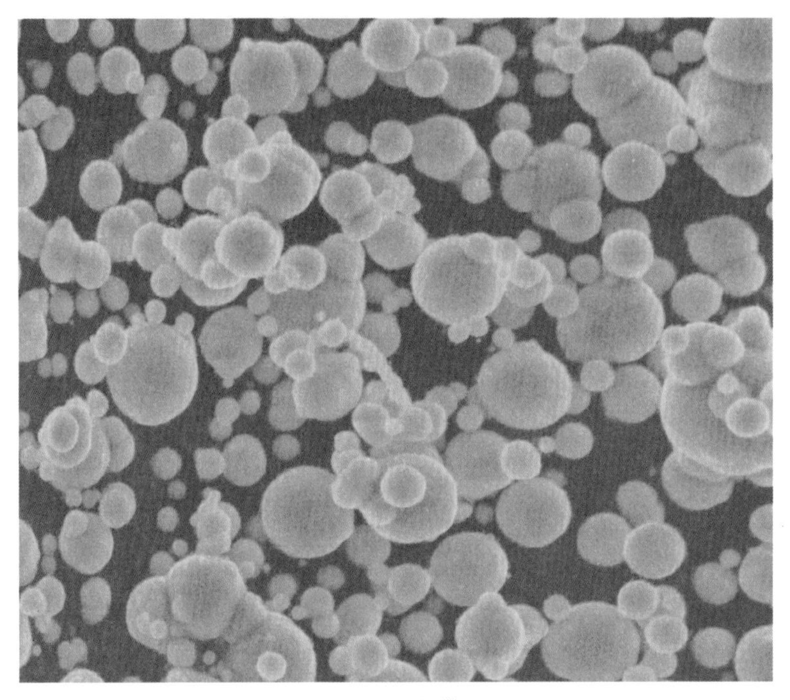

图1-3 团聚体

第四阶段，有机多分子体系演变为原始生命

具有多分子体系特点的团聚体漂浮在原始海洋中，经历了更加漫长的演变，蛋白质和核酸这两大主要成分的相互作用，其中一些多分子体系的结构和功能不断地发展，终于形成了能把同化作用和异化作用统一于一体的、具有原始的新陈代谢作用并能进行繁殖的原始生命。

这是生命起源过程中最复杂、最有决定意义的阶段。它直接涉及原始生命的发生，是一个质变的阶段。因此，这一阶段的演变过程是生命起源的关键。

这种原始生命体的出现使地球产生了生命，把地球的历史从化学进化阶段推向了生物进化阶段，对于生物界来说更是开天辟地的大事。

科普知识窗

最早的原始生命是单细胞生物

最原始的生命都是单细胞生物。它们从厌氧生活到有氧生活，特别是具有光合作用的蓝藻的出现，使原始大气中氧的含量逐渐积累而改变了大气成分，有助于有氧生物的诞生。单细胞生物经历了10多亿年的漫长历程，才有多细胞生物的出现。

进化——从原核生物到真核生物

原始生命起源之后，生命最初的进化是什么样的呢？

生物进化最重要的一个阶段就是由原核生物到真核生物的演化。在生命起源之初，最先形成的简单的原始生命是原核生物。原核生物由原核细胞组成，这类细胞的主要特征是没有以核膜为界的细胞核，没有核仁，也没有线粒体、高尔基体等高等的细胞器，只有拟核，进化地位较低。

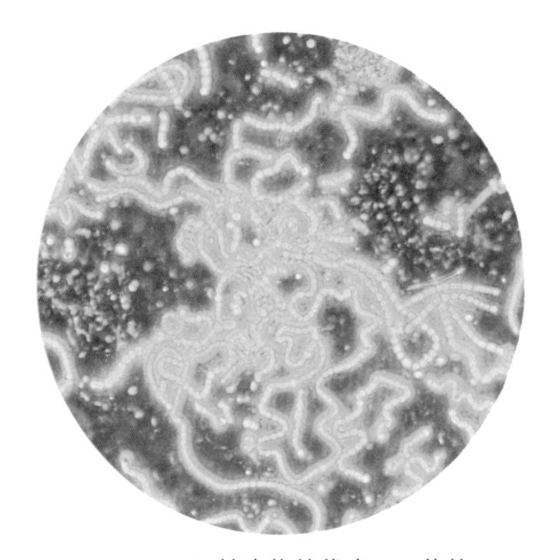

图1-4　原核生物的代表——蓝藻

目前的化石证据表明，地球上最早出现的可能是细菌和蓝藻这类原核生物。在澳大利亚北部的皮尔巴拉地区，距今35亿年的轻变质的硅质叠层石中发现了一些丝状细菌和蓝藻的遗骸。

在南非还发现了一种古杆状细菌和蓝藻，它们具有最原始、最简单的细胞结构，即有一层细胞膜，核物质在膜内相对集中，但未形成细胞核，而只有原生质，可以归为原核细胞，其距今32亿年。

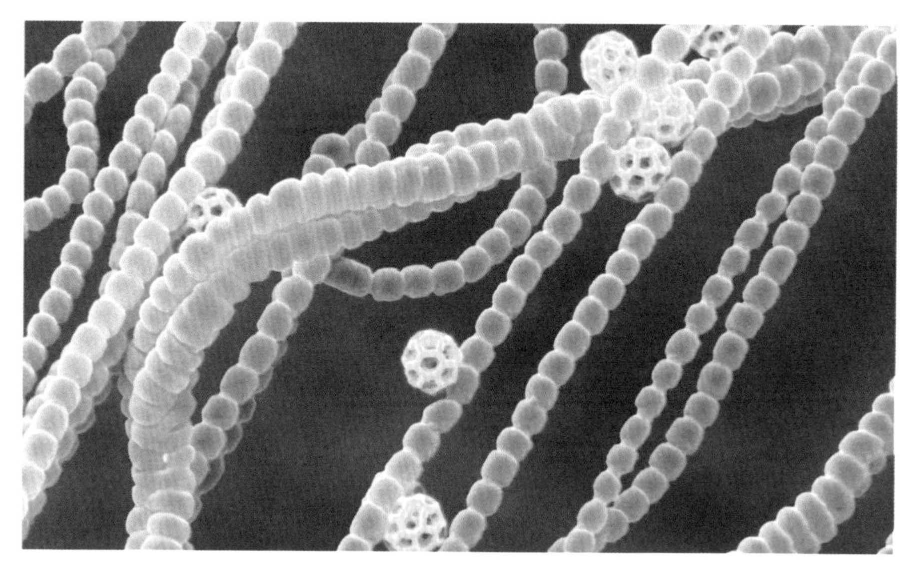

图1-5　显微镜下观察到的水族馆里的蓝藻

最早的真核生物化石发现于距今大约16亿至20亿年的地层中，如加拿大南部的冈弗林特燧石层和我国长城群中岭沟页岩中的化石。

真核细胞相较于原核细胞不仅多了细胞核，核内有核仁、核液和染色体，而且它的细胞质中还有线粒体、内质网、高尔基体等，比原核细胞复杂许多。

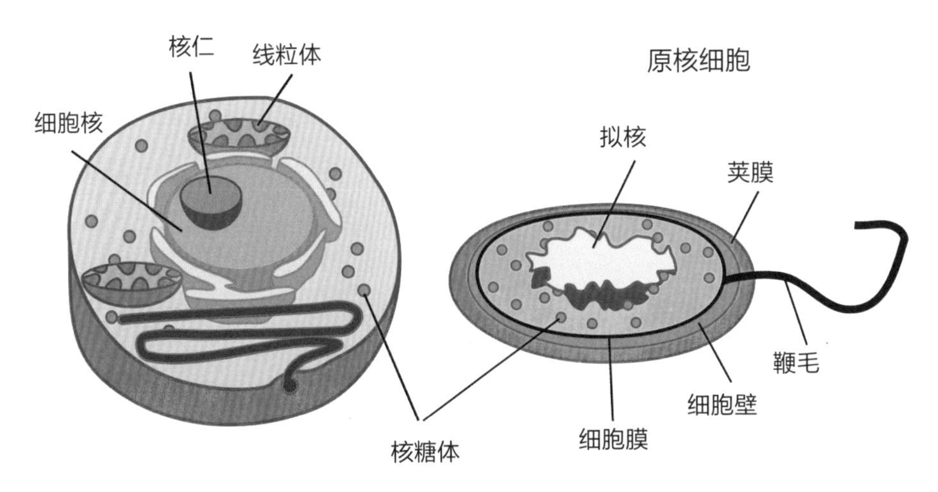

图1-6　真核细胞与原核细胞比较示意图

真核细胞所增加的各种结构之间既有分工，又有合作，从而在生长、发育、遗传及新陈代谢等方面有了更强大的功能，而细胞核就是遗传信息储存、复制、转录和控制整个细胞新陈代谢活动的调控中心。

真核生物主要进行有氧代谢。由于真核生物不能抵御强烈的紫外线和宇宙射线，所以其只有在地球形成臭氧层之后，才能生长和繁衍。综合以上两点，可知真核生物的出现应该晚于原核生物。

真核细胞的出现是生物进化史上一次大的飞跃。因为除了蓝藻和细菌等种类之外，现代生物几乎都由真核细胞组成，为进化出各种更高等的生物打下了基础。

原核生物演变成真核生物，在生物进化发展过程中具有十分重大的意义。真核生物的出现大大加快了生物进化的过程，并且通过有性生殖，后代具有更强的生活力和变异性，为生物的进化提供了原始的选择材料。

原核生物都是单细胞生物吗?

原核生物的主要特征是有无核膜包围的细胞核。单细胞生物指的是只有一个细胞的生物。因此，原核生物不一定是单细胞生物，如螺旋藻（蓝藻的一种，是多细胞的，中间有个细胞叫异形胞，司固氮作用，其他的司光合作用）；而单细胞生物也不一定都是原核生物，如草履虫、藻类（衣藻、小球藻、团藻、栅藻等）。

慢慢地，动植物开始分家

经过了亿万年的漫长岁月，非细胞结构的蛋白质小块的四周形成了一层薄薄的膜，称之“细胞膜”，原始细胞诞生了。随着第一个细胞的产生，整个有机界的形态形成的基础也产生了。

细胞膜的形成，推动了细胞体内的矛盾和分化，形成原核细胞。原核细胞体内已经出现了核物质的相对集中，但还没有分化出细胞核和细胞器。

大约在10多亿年前，原核细胞由于体内原生质中不同物质之间的竞争，逐渐分化出了细胞核和细胞器，演化成为具有“五脏六腑”的真核细胞。比如，在澳大利亚中部地层中发现的一种单细胞绿藻化石（距今约10亿年），其细胞核已非常清楚了。

研究发现，真核生物的出现，是动物、植物分化的开始。在这个时期，动物、植物的门类中所产生的都是一些最低等、最原始的生物。

由于地球环境的不断变化，原始生物在长期的适应和遗传的过程中，细胞结构继续分化，导致其获取营养方式上的一分为二：一支发展出了具有制造养料的器官（如叶绿体），朝着完全“自养”的方向发展，成了植物；另一支则加强运动和摄食的本领以及形成发达的消化机能，朝着“异养”的方向发展，成了动物。从此，它们分道扬镳，各自朝前发展。

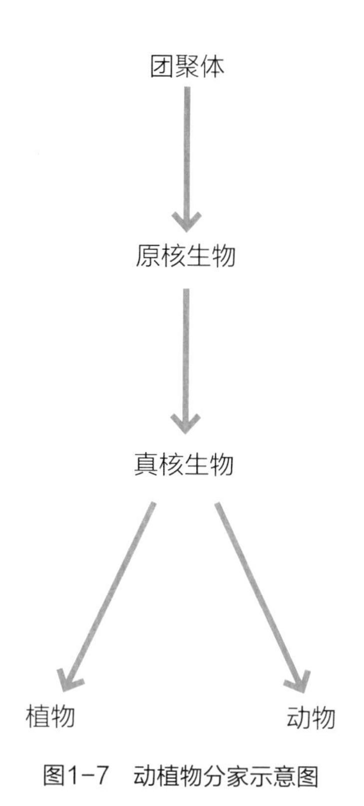

图1-7　动植物分家示意图

如今，有一种单细胞生物，叫眼虫，它们身上有一条像推进器一样不停转动的鞭毛，在水中螺旋式前进，还有能感光的眼点，很像动物；但它们体内又有叶绿体，在阳光照射下进行光合作用，制造营养物质，又具有植物的特征。这种既像动物又像植物，兼有动物和植物两重性的生物，证明动植物的共同祖先可能是像眼虫一样的远古时代的原始单细胞生物。

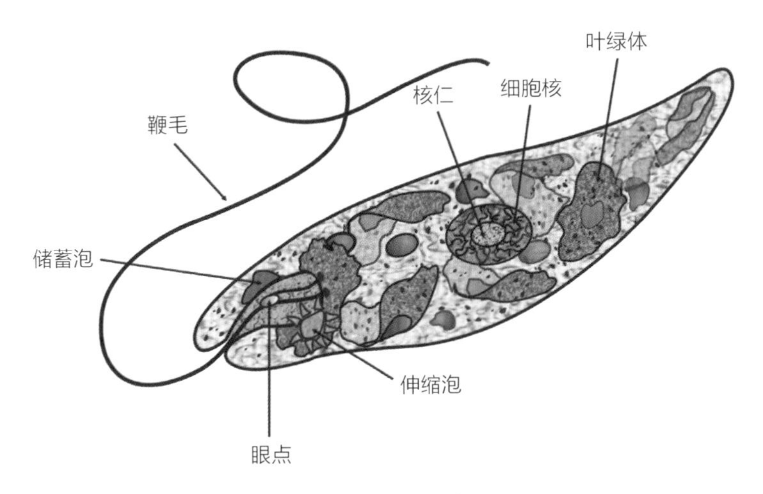

图1-8　眼虫结构示意图

随着动植物的分家，生物集体的构造日趋复杂。

向动物界分化的原始生物，运动和摄食的机能日益发达，而原有的植物性机能，如制造养料的器官功能逐渐衰退。比如变形虫，叶绿体不见了，而主动摄食的本领加强了。

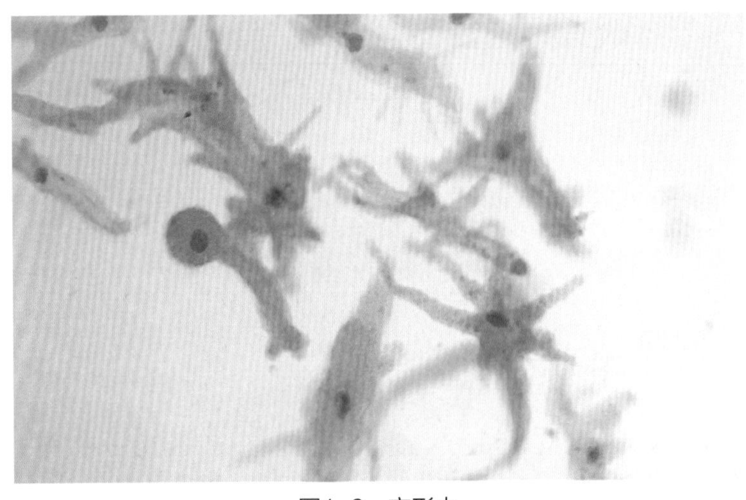

图1-9　变形虫

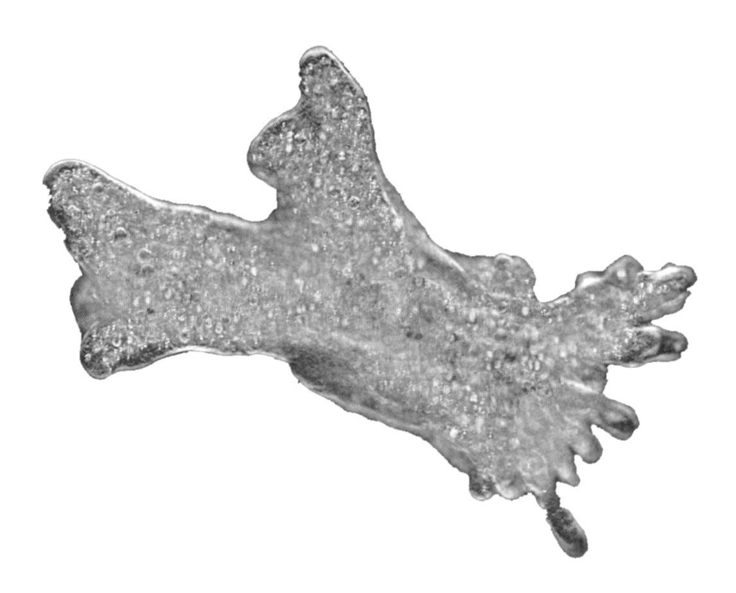

图1-10　显微镜下观察到的变形虫放大图

向植物界分化的原始生物，它们原有的动物性机能日趋衰退，而那些进行光合作用的器官和能力却发达起来。比如，由原始鞭毛生物进化而来的小球藻，一无伪足，二无纤毛，已丧失了游动的能力，只能随波逐流，过着极其被动的生活。

科普知识窗

并非所有植物都过着“自养”生活

自从动植物分家后，它们摄取外界物质和能量的方式变得不同了。动物无一例外地靠摄取现成的有机物，如植物或其他

动物为生，我们称之为“异养”。而植物是靠光合作用来合成自身所需要的有机物，我们称之为“自养”。但是，有少部分植物过着“异养”的生活，如菟丝子。

博物馆里的化石有什么用

每当走进自然博物馆，最先抓住大家眼球的可能是各种奇形怪状的化石，特别是恐龙厅的化石。

那么，博物馆里的化石对我们了解过去的生物进化历史有哪些帮助呢？

1. 化石及化石的形成

化石是指保存在地层中的各种远古生物的遗体、遗迹或遗物等。远古的生物死后或在生活时期，躯体在地壳变动中被埋藏起来，在密封冷冻或干燥的地质环境中，岩石中的矿质沉积其中，逐渐变硬和矿化，最终变成了化石。

动植物的坚硬部分，如茎、花粉、骨骼、牙齿、外壳等容易形成化石。生物躯体留下的印痕（如足迹）或生命活动留下的遗物（如粪便），也可以成为化石。

寒冷地带的古生物遗体，在冰层或冻土里，低温保存下来，如西伯利亚和美国阿拉斯加等地发现的大型哺乳动物猛犸象冰尸、包裹在松树分泌物树脂中的蚂蚁、蜘蛛、树叶等形成的琥珀。这些未变实体，也属于化石的范畴。

2. 化石的分类

古生物化石的分类有许多不同的标准，为便于研究，我们常按照古生物化石的保存类型分类：实体化石、模铸化石、遗迹化石和化学化石。

（1）实体化石

实体化石，指的是生物遗体（或其中的一部分）被埋藏，经过石化作用而形成的化石。

图1-11　实体化石——三叶虫化石

（2）模铸化石

模铸化石，是指生物遗体在地层中的印模和铸型。根据其与围岩的关系，可分为四类。

印痕化石：生物遗体陷落在细碎屑或化学沉积物中留下的生物软体印痕。

印模化石：生物遗体在围岩表面和内部填充物上留下印模，包括外膜和内膜。

模核化石：由生物体结构形成的空间或生物遗体溶解后形成的空间，被沉积物填充，在固结后，形成和原生物体空间大小和形态类似的实体，包括内核和外核。

铸型化石：是指当生物体埋在沉积物中，已经形成外模和内核后，壳质全部被溶解，并被另一种矿物质填充所形成的化石。

图1-12　模铸化石中的印痕化石

（3）遗迹化石

遗迹化石，是指地质时期生物活动时产生在沉积物表面或其内部的各种活动形迹所形成的化石，包括足迹、移迹、潜穴、钻孔以及动物的粪便、卵（蛋）、植物根系等形成的化石。由于遗迹化石是活着的生物留下的痕迹，所以它对于岩相和古生态分析研究具有不可替代的重要意义。

图1-13　遗迹化石——恐龙蛋

（4）化学化石

化学化石，指的是地质时期的生物有机质软体部分在遭到破坏后，由分解后残留在地层中的有机成分所形成的一种特殊的化石，有些可以形成重要的矿产资源，如煤、石油、天然气等。

总之，无论哪种类型的化石，都是古生物学研究的重要对象。对化石的研究能够直观地了解生物界进化发展的历史过程，为生物的进化提供可靠、有力的证据。

科普知识窗

化石生物学的演化规律

年代越古老，生物化石越少，构造越简单，种类越低级，与现代生物差异越大；年代越近，生物化石类别越多，结构越复杂，种类越高级，与现代生物也越接近。

生物进化的规律和趋势

从46亿年前地球诞生之初，到35亿年前最初的生命出现，漫长的生物进化过程既精彩纷呈又充满未知。那么，在漫长的生命进化过程中，有哪些进化规律和趋势吗?

在生命进化的历程中，总的进化趋势是由少到多、由简单到复杂、由低等到高等的前进性发展。

1. 从少到多——分化进化

从大的方面看，生物界呈现三大发展方向：进行光合作用的自养植物、摄食营养的动物以及靠渗透作用吸收营养的菌类。这三大生物类群，由于获取营养的方式不同，进化的方向也不一样。

（1）植物进行生命活动的关键是光合作用，核心是光照。因此，植物进化的总过程主要表现是：有片状的叶作为吸收光能、进行光合作用的最适合的器官；有叶柄和枝茎作为叶的支撑，以获取最大光照；有根系固着植物，并提供光合作用的原料；具有维管系统，作为物质交流的渠道。由此可见，光合作用为生物进化提供了能量。

（2）动物生命活动的关键是摄食，因此，动物进化的方向是

“动”。在漫长的进化过程中，大多数动物都朝着能够活动的、摄食的方向发展，从而形成了生物界最高级、最复杂的机体结构。可见，由于摄食是动物发展的关键，因而决定了它们的进化方向和进化水平。

（3）微生物（细菌、真菌）的营养方式相当复杂，如细菌有光能自养型、光能异养型、化能自养型和化能异养型等。但和动植物相比，微生物等获取营养的基本方式是吸收，主要作用是分解。因此，对于主要营腐生和营寄生的微生物菌类来说，体小不仅利于吸收营养，而且能够利用更多的寄主，扩大摄取多种营养的幅度。

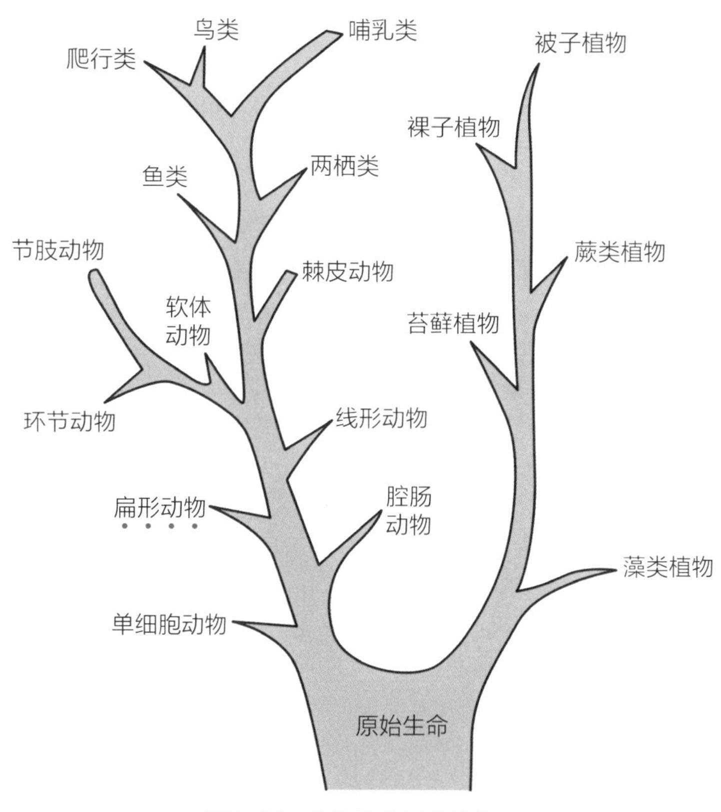

图1-14　生物进化树状结构图

2. 从低等到高等——复杂化进化

从简单到复杂、从低等到高等的发展是生物进化发展的主要趋势。我们知道，最初的生命是非细胞形态的生命，因此，从非细胞形态到细胞形态，从原核细胞到真核细胞，是早期进化最重要的复杂进化过程。

随着植物和动物的分化，植物的进化发展是从单细胞到多细胞，从孢子植物到种子植物，从离不开水的藻类，到有了假根的苔藓植物，蕨类植物之后有了维管组织的分化并产生真正的根，裸子植物出现种子，被子植物形成了花和果实。动物的进化发展是从单细胞到多细胞，从无脊椎动物到脊椎动物，从鱼类到哺乳类等，都经历了曲折的复杂进化过程，呈现为不断的前进性发展。其结果不只是生物对部分生活条件的适应，而且生物的生存技能增强，对环境条件有更广泛的适应性，最终形成了物种的多元化。

科普知识窗

分支分化式进化与阶段复化式进化，形成了生命进化的趋势

进化过程中不但有新物种的产生，还有种的分化增多、由低级到高级的进化、旧种的灭绝、种的数量减少和种的退化。进化的速度也有快有慢，有时爆发式产生新物种，有时停滞不前。但总的进化趋势是从少到多、从低等到高等的分化式进化和复化式进化的过程。

★★本部分生物知识小测验

一、单项选择题

1. 下列现象中不属于地球形成初期的现象的是（　　）。

A. 熔岩横流　　B. 火山喷发

C. 风雨交加　　D. 电闪雷鸣

2. 地球上原始生命形成的时间大约是（　　）。

A. 36亿年前　　B. 46亿年前

C. 400多万年前　　D. 50亿年前

3. 下列观点中错误的是（　　）。

A. 所有生物都有共同的原始祖先

B. 越接近生物进化树的顶端，生物越高等

C. 越复杂的化石出现在越古老的地层中

D. 生物进化的方向是由简单到复杂

4. 原始的生命起源于（　　）。

A. 原始的大气层　　B. 原始的河流

C. 原始的海洋　　D. 原始的高山

5. 下列物种在营养方式上不属于自养类型的是（　　）。

A. 原始藻类　　B. 原始单细胞动物

C. 原始苔藓植物　　D. 现代种子植物

6. 下列植物类群中，受精作用已经完全脱离水的限制的是（　）。

A. 藻类植物　B. 苔藓植物

C. 蕨类植物　D. 被子植物

7. 下列几种生物中，（　）最接近于原始的自养生物。

A. 藻类　B. 蕨类　C. 细菌　D. 草履虫

8. 自然选择中，生物进化的内在原因是（　）。

A. 人为的作用　B. 天敌的作用

C. 环境的作用　D. 生物的遗传和变异

9. 生物的可遗传变异决定于（　）。

A. 环境　B. 遗传物质

C. 环境和遗传物质　D. 生物个体大小

10. 动物细胞和植物细胞都有（　）。

A. 液泡　B. 叶绿体

C. 细胞核　D. 细胞壁

11. 植物细胞和动物细胞所需要的能量都来自于细胞内的“发动机”，这个“发动机”是（　）。

A. 叶绿体　B. 线粒体　C. 细胞质　D. 细胞核

12. 从距现代较近的地层中到古老的地层中发现的化石，说明生物进化的历程是（　）。

A. 由复杂到简单、由高等到低等、由陆生到水生

B. 由简单到复杂、由高等到低等、由陆生到水生

C. 由简单到复杂、由低等到高等、由陆生到水生

D. 由简单到复杂、由低等到高等、由水生到陆生

13. 导致生存竞争的原因是（ ）。

A. 生物之间相互排挤或残杀

B. 有利变异和不利变异个体之间相互斗争

C. 生物赖以生存的食物和空间有限

D. 生物不能适应外界环境的变化

二、填空题

1. 原始生命由于_____方式的不同，一部分进化成为具有_____的原始藻类，另一部分进化成为_____的原始单细胞动物，再分别进化成为各种各样的_____和_____。

2. 植物进化的历程大致是：生活在_____中的原始藻类，逐渐进化成为适应_____生活的原始的_____植物和_____植物，但是它们的生殖都离不开_____。后来，一部分原始的_____植物进化成为原始的种子植物，包括原始的_____植物和_____植物，它们的生殖已经脱离了_____的限制。

3. 地球上最早出现的脊椎动物是古代的_____。以后，某些_____进化成为原始的_____，某些_____进化成为原始的_____，某些_____进化成为原始的_____和_____。

4. 生物进化的历程可以概括为：____，____，____。

5. 在古老的地层里，成为化石的生物_____、_____、_____；在距现代较近的地层里，成为化石的生物_____、_____、_____。这说明生物是_____、_____、_____逐渐进化来的。

6. 在自然界中，生物个体都有遗传和变异的特性，只有那些具有_____变异的个体，才容易生存下来，并将这些变异遗传下去。

7. 生物在生存过程中，既要与_____进行斗争，又要与_____进行斗争。

8. 细胞分裂的过程是：_____先一分为二，随后，_____分为两份，每份各含有一个细胞核，最后在原细胞的中央形成新的_____和_____。

9. 细胞在生长的过程中，细胞质里面先出现许多____，后来逐渐胀大，最后合并成一个_____。

三、问答题

1. 简述地球上的生命是如何起源的。

2. 植物细胞和动物细胞在构造上有哪些相同和不同的地方？

3. 生命的进化规律是什么样的，请简要描述一下。

4. 现存的生物中，有许多非常简单和低等的生物没有在进化过程中灭绝，而且分布还很广泛，这是为什么？

5. 生物进化的许多环节还缺少化石证据，你认为化石证据不够全面的原因可能是什么？

第二部分

远古时代的精灵——微生物的进化

 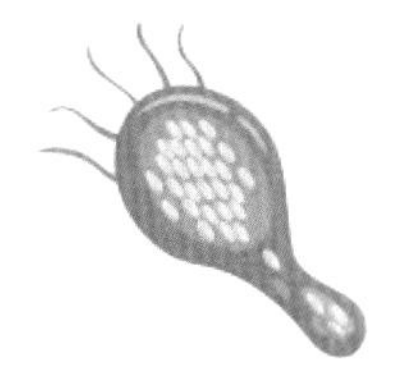 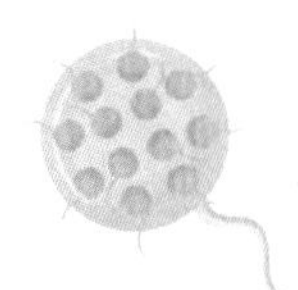

自然界中的小小精灵——微生物

生物小档案

中文名称：微生物

所属类别：

出现年代：

分布区域：

主要特征：

说起微生物，有人也许会感觉很神秘，因为我们平时既看不到它们又摸不到它们。其实，微生物就在我们身边。比如，它们就在我们的体内、在水中、空气中，甚至在食物中都可以找到微生物的踪迹。

那么，微生物是什么呢？

微生物，一般指的是肉眼看不见或看不清的微小生物的总称。从生物学的角度看，微生物的结构非常简单，一个细胞或分化成简单的一群细胞，或分化成一个能够独立生活的生物体。

那么，通常这些肉眼看不见的微生物究竟有多小呢？微生物一般都小于0.1毫米。既然大多数用肉眼看不到，那么微生物是怎样被人们发现的呢？谈起微生物的发现，还有一个十分有趣的故事。

三百多年前，荷兰有个叫列文虎克的人，他是荷兰一个小镇上一家经营布匹和干货的小店里的工人，业余爱好磨制镜片。他磨制了很多镜片，还自己动手制作了一架简单的显微镜。他用这架显微镜观察了雨水、井水等，发现了其中都含有许多微小的生物在活动。这是人类第一次看到微生物世界。

图2-1　列文虎克

有一次，他将自己牙缝里的牙垢混进一滴雨水里，并放到自己制作的显微镜下观察。观察的结果和发现令他十分吃惊。他在给英国皇家学会的信中写道：“我非常惊奇地看到水中有许多极小的活的微生物，十分漂亮而且会动，有的如矛枪穿水直射，有的像陀螺团团打转，还有的灵巧地前进，你简直可以把它们想象成一大群蚊子或苍蝇。”

还有一次，他喝过热烫的咖啡后，立刻挑出牙垢来观察。通过显微镜观察，他看到的只是一片一动不动的微生物尸体。于是他迅速做出判断：热烫的咖啡把那些小生物杀死了。

1695年，他将自己20年来辛勤观察的结果写成一本书出版，书名是《列文虎克发现的自然界的秘密》。就这样，列文虎克通过自己制作的第一台显微镜发现了微生物，他的作品《列文虎克发现的自然界的秘密》，也是人类关于微生物的最早的专著。

那么，是不是意味着所有微生物都需要用显微镜来观察呢？不是的。因为微生物有很多种类，如细菌、真菌、病毒等，其中真菌中的食用真菌，如蘑菇、灵芝、马勃等，肉眼是能够看到的。

微生物有哪些特征呢？首先，微生物个头小、本领大。它们可以到达任何一个地方，美国的自由女神像、法国的凯旋门、日本的富士山……处处都有它们的身影。

其次，微生物的破坏力很强，即很能“吃”。对于地球上已有的有机物和无机物，微生物都来者不拒。就连化学家合成的最新、最复杂的有机分子，也都难逃脱微生物之口。人们把那些只“吃”现成有机物质的微生物，称为有机营养型或异养型微生物；把另一些靠二氧化碳和碳酸盐自食其力的微生物，称为无机营养型或自养型微生物。

最后，微生物还比较“贪睡”，即休眠。据报道，在埃及金字塔中

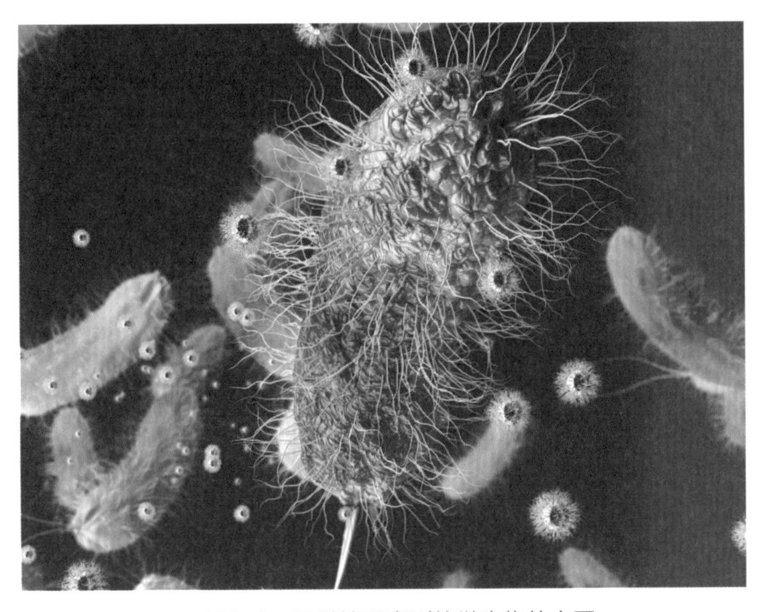

图2-2 显微镜观察到的微生物放大图

三四千年前的木乃伊上仍有微生物的活细菌。由此可见，微生物的休眠本领也令人惊叹。

总的来说，微生物具有高超本领：一是“吃”得多、吸收得多、转化迅速；二是长得快、繁殖快、能吃苦，不论在多么艰难的环境中都能顽强地活下去，还能迅速繁殖。

微生物为何有如此高超的的本领呢？其实自然界有一个普遍规律：任何物体被分割得越小，其单位体积中物体所占有的表面积就越大。若以人体的面积与体积的比值作为标准“1”的话，与人体等重的大肠杆菌（微生物中的一种）的面积与体积的比值为人的30万倍：这种体积小、面积大的特点造就了微生物更容易与周围环境进行物质交换，更容易与外界进行能量和信息交流，更容易随处飘荡。因此，个头儿越小，“胃口”越大，这是生物界的普遍规律。

科普知识窗

微生物的繁殖方式

微生物不分雌雄，它们的繁殖方式也与众不同。以细菌家族的成员来说，它们是靠自身分裂来繁衍后代的，只要条件适宜，通常20分钟就能分裂一次，一分为二，二分为四，四分为八……就这样成倍地分裂下去。虽然这种呈几何级数的繁衍，常常受环境、食物等条件的限制，然而即使这样，它们的繁衍速度也足以使动植物望尘莫及了。

微生物的集聚地在哪里

微生物的主要集聚地在哪里呢？

事实上，凡是动植物生存的地方就有微生物的存在，即使许多动植物不能耐受的恶劣环境中微生物也能安居乐业。那么，微生物的主要聚集地在哪儿呢？

微生物聚集地之一——土壤

土壤，是最多微生物聚集的地方。通常，在1克土壤里就有数亿个微生物。即使在荒无人烟的沙漠中，1克沙土中也有10万多个微生物的存在。它们一般都藏在土层10～20 厘米深处。土层越深，微生物数量越少；最表层的土壤由于阳光照射，水分又少，活的微生物数量也较少。土壤中数量最多的微生物是细菌，其次是放线菌和真菌。

微生物聚集地之二——空气

微生物的第二个集聚地是空气。它们通常会在尘埃或液体泡沫上，凭借风力随空气的流动到处漫游。所以尘埃越多的地方，微生物也越多。

空气中的致病菌主要是由病人或带菌者在咳嗽、吐痰、打喷嚏和呼吸时随同唾液飞沫一起大量排出，进入空气中的。比如，脑膜炎双球菌的主要传播方式是由飞沫进行传播的，这种病菌随着飞沫侵入人体后，先进入血液形成菌血症，再跑到大脑、脊髓的外膜上生长繁殖，造成炎症。这种病的死亡率高达80%，而且会引发各种后遗症。

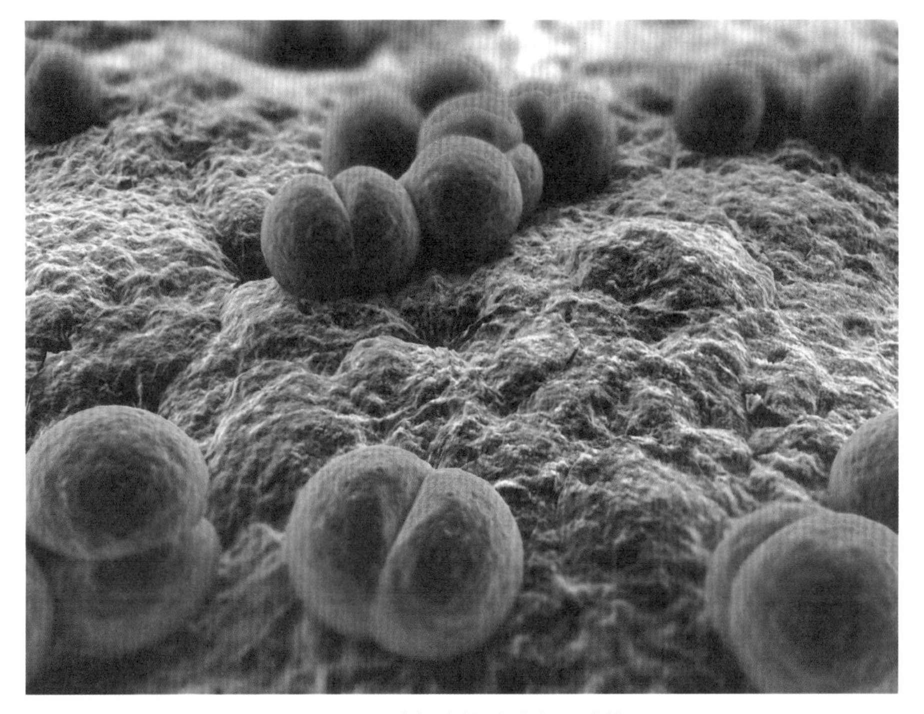

图2-3　空气中的脑膜炎双球菌

微生物的聚集地之三——水

水也是微生物的主要聚集地之一。无论是在海水、河水、湖水中，还是在雨水、雪水中，都有微生物的存在。

研究发现，夏秋两季的水温比较适宜微生物的生长繁殖，因此水中微生物的数量高于冬季和春季。研究还发现，和深水区相比，由于受太阳光杀菌作用的影响，浅水区及水面的含菌数量较低，一般在5～20米深的水中含菌数最高。

微生物的聚集地之四——人体

人的体内和体表也是微生物聚集的主要场所。人的大肠中含有丰富的营养物质，再加上合适的酸碱度和温度，于是就成了微生物聚集的好地方。大肠内常见的微生物有大肠杆菌、产气杆菌和变形杆菌等。

人的皮肤上经常寄生着许多微生物细菌，常见的有链球菌、小球菌、大肠杆菌、霉菌等。一旦皮肤损伤，这些微生物致病菌侵入伤口后就可能会引起皮肤化脓感染。因此，打针时用酒精消毒皮肤就是防止皮肤上的微生物随注射器针头进入人体。

微生物的聚集地之五——食物

食物也是微生物的主要集聚地之一。比如，肉、鱼、蛋类食品若带有沙门氏菌，就会引起人体伤寒、腹痛及发烧；食物中若含有肠道球菌、粪链球菌，就会引起人呕吐、腹泻和腹痛。

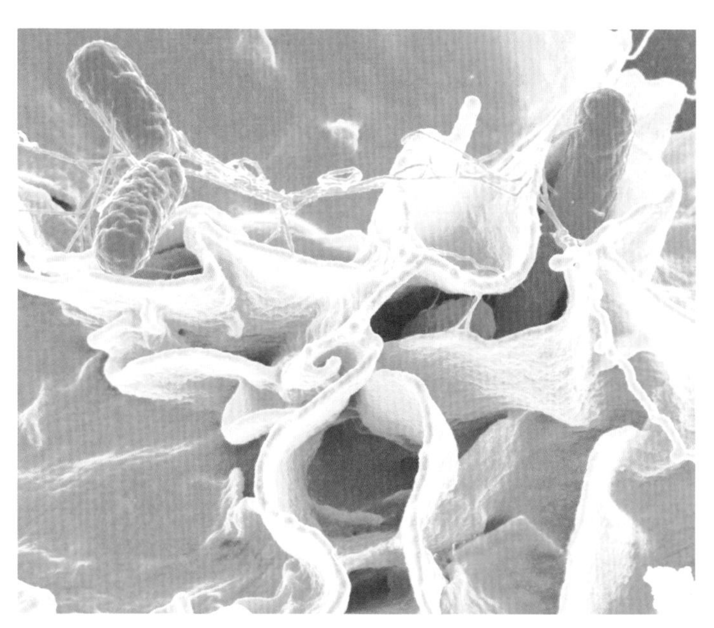

图2-4　食物中的沙门氏菌

微生物给食品带来的危险性，有的是因为致病菌随着食物侵入人体生长繁殖造成的，有的则是因为某些微生物能产生强烈的毒素。比如，葡萄球菌可分泌一种肠毒素，使人呕吐、腹痛。再如，能引起人中毒的黄曲霉毒素就广泛地存在于粮食、油料、水果、蔬菜、肉类、乳类、酱和饲料中。

科普知识窗

口腔、鼻腔、咽喉也是微生物的主要聚集地

人的口腔中潜藏的食物残渣和脱落的上皮细胞是细菌的良好营养物，加上口腔里的温度也很适宜细菌生长和繁殖，因此口腔内含有各种球菌、乳酸杆菌、芽孢杆菌等。同时，鼻腔、咽喉部位也常有白喉杆菌、肺炎双球菌、葡萄球菌和流感杆菌。此外，在眼结膜、泌尿生殖道内也生存着一些微生物病菌。

古菌——原始的生命体

生物小档案

中文名称：古菌

所属类别：

出现年代：

分布区域：

主要特征：

在微生物的家族中，有一类比原核生物更加古老的微生物，就是古菌。那么，古菌是如何被发现的呢?

1982年，美国科学考察队在东太平洋海底的一个高压热溢口，发现很多灰白色液体奔涌而出。科考队发现溢口附近漂浮着一些羽状软体动物和似由微生物形成的菌膜。经过研究和比对，科考队将这类微生物称为古菌。

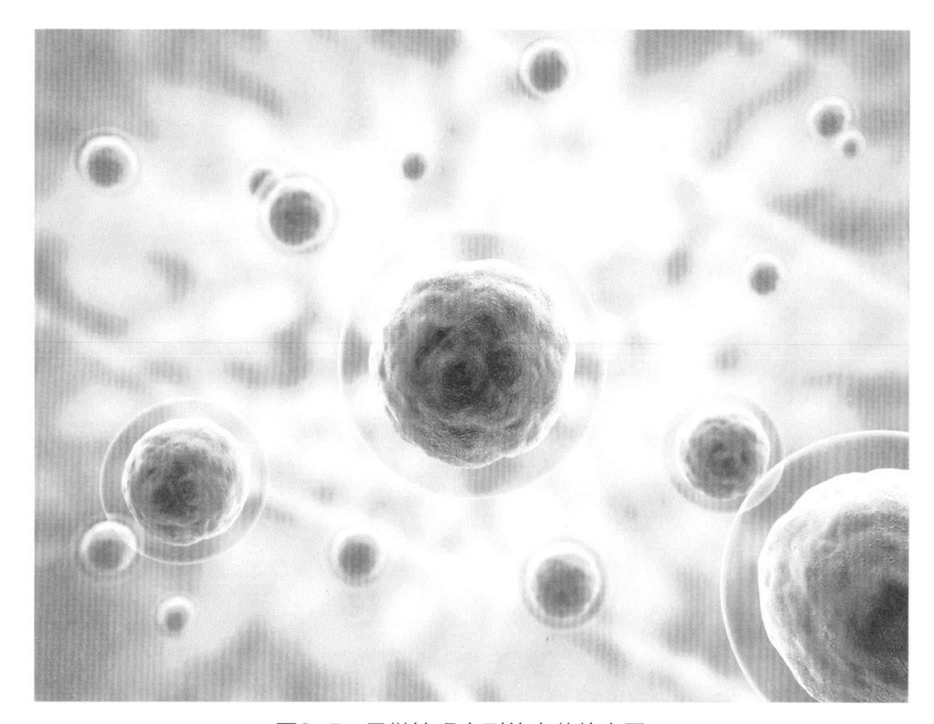

图2-5　显微镜观察到的古菌放大图

那么，古菌是如何进化的呢？

虽然根据宏观化石的记录，单细胞生物的化石痕迹不明显，用肉眼看不到。但是，这不代表它们就不存在，事实上，在各种年代的地层中都有许多很微小的细菌化石。曾经有科考人员从澳大利亚的一种古老而完整的沉积岩石中找到了这种细菌化石。

古菌，又称太古菌、古细菌、古生菌，是一类在极端环境（如缺氧、高温等）生存，形态类似于细菌的微生物。

从细胞生物学来看，与大多数细菌不同，古菌只有一层细胞膜而缺少肽聚糖细胞壁（细菌细胞壁的主要成分是肽聚糖）。而且，绝大多数细菌和真核生物的细胞膜中的脂类主要由甘油酯组成，而古菌的膜脂由甘油醚构成。这些区别也许是古菌对超高温环境适应的原因。此外，古菌鞭毛的成分和形成过程也与细菌不同。

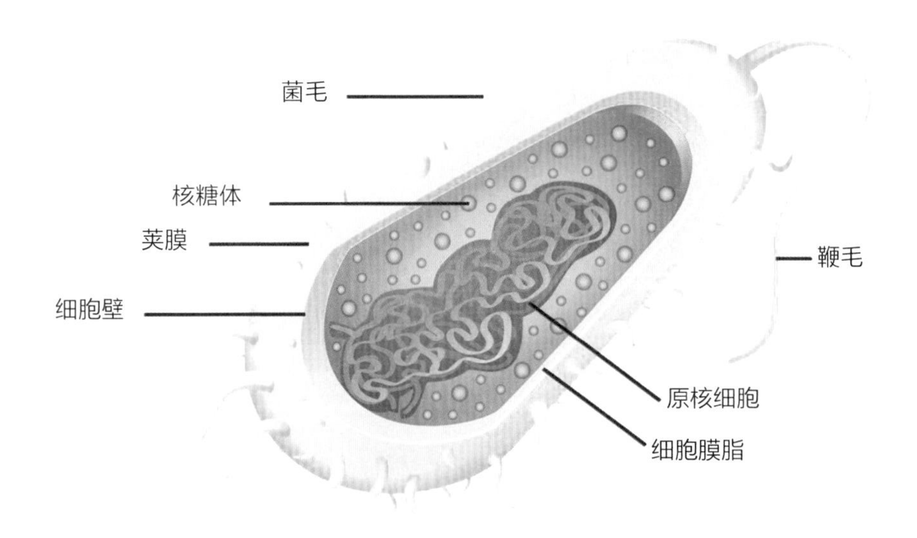

图2-6 古菌细胞的切面示意图

很多古菌是生存在极端环境中的，如生存在极高的温度（经常在100℃以上）下、间歇泉或海底黑烟囱中。还有的生存在很冷的环境中或者高盐、强酸或强碱性的水中。

然而也有些古菌是嗜中性的，生存在沼泽、废水和土壤中。很多产甲烷的古菌生存在反刍动物、白蚁或者人类的消化道中。古菌通常对其他生物无害，且目前未知有致病古菌。

单个古菌细胞直径在0.1～15微米，有一些种类形成细胞团簇或者纤维，长度可达200微米。它们有各种形状，如球形、杆形、螺旋形、叶状或方形。并且，它们具有多种代谢类型。

在细胞结构和代谢上，古菌在很多方面接近其他原核生物。然而在基因转录和翻译这些分子生物学的中心过程中，发现它们并不明显表现出细菌的特征，反而非常接近真核生物。

科普知识窗

什么是鞭毛？

在某些菌体上附有细长且呈波状弯曲的丝状物，少则1～2根，多则可达数百根，这些丝状物称为鞭毛，是细菌的运动器官。根据着生部位的不同，可将鞭毛分为周生鞭毛、侧生鞭毛、端生鞭毛。鞭毛着生于细菌周围的称为周生鞭毛，着生于一侧的称为侧生鞭毛，着生于两端的称为端生鞭毛。

地位十分显赫的细菌

生物小档案

中文名称：细菌

所属类别：

出现年代：

分布区域：

主要特征：

细菌是怎样的微生物？它又是怎样被发现的呢？

自从德国细菌学家劳伯·柯赫第一次发现病菌（致病的细菌）以后，细菌这个名字就常常和疾病联系在一起，因此，人们对细菌总有一种厌恶和恐惧的感觉。

那么，真实的细菌是什么样的呢？

通常，在显微镜下，我们看到的细菌大致有三种形状：个头儿又胖又圆的，是球菌；个头儿瘦瘦长长的，是杆菌；个头儿弯弯扭扭的，是螺旋菌。不论是哪种形态，它们都只是单细胞生物。

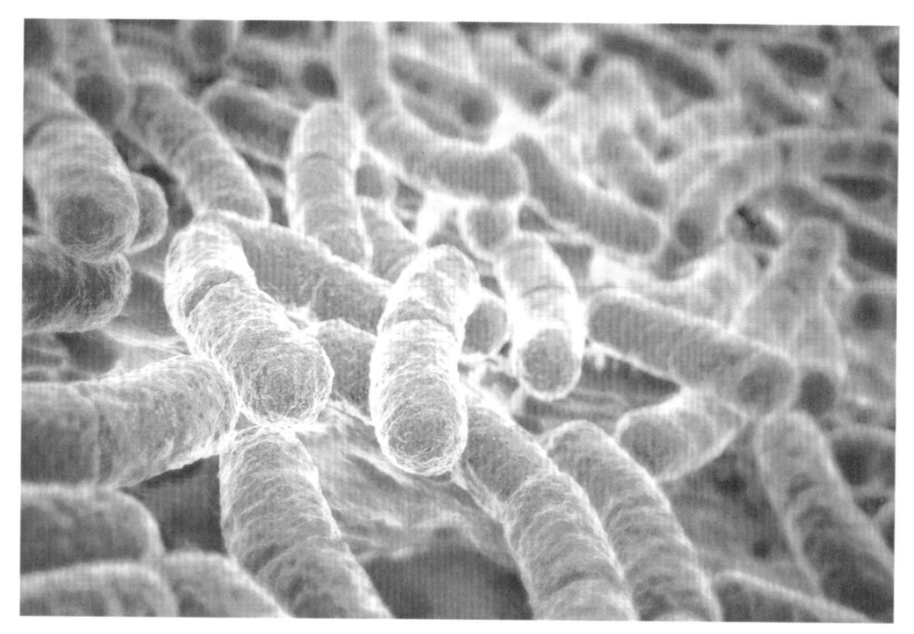

图2-7　细菌的三大类之一——杆菌

细菌的外面有个坚韧而有弹性的外壳，称为细胞壁，细菌就靠它来保护自己的身体。紧贴细胞壁内部有一层柔韧的薄膜，叫细胞膜，它是食物和废物进出细胞的“门户”。细胞膜里面充满着黏稠的胶体溶液，这是细胞质，其中含有各种颗粒和贮藏物质。细菌的核物质没有明显的膜包被，而且比大生物的细胞核简单得多，因此人们称之为原核细胞。

细菌中，有的“赤身裸体”，有的穿着一身特别的“衣服”，这“衣服”就是包围在细胞壁外面的一层松散的黏液性物质，称为荚膜。它既是细菌的养料贮存库，又起着保护细胞壁的作用。对病菌来说，荚膜还与致病力密切相关，比如，肺炎球菌能使人得肺炎。但如果失去了荚膜，细菌就像解除了武装一样，没有致病力了。当细菌遇到干燥、高温、缺氧或化学药品等恶劣环境时，它们还能使出一个绝招，就是几乎全部脱去身体中的水分，从而使细胞凝聚成椭圆形的休眠体，这就是芽孢。芽孢在干燥条件下经过几十年仍有活力，一旦环境变得适宜，芽孢就会吸水膨胀，又成为有活力的菌体。

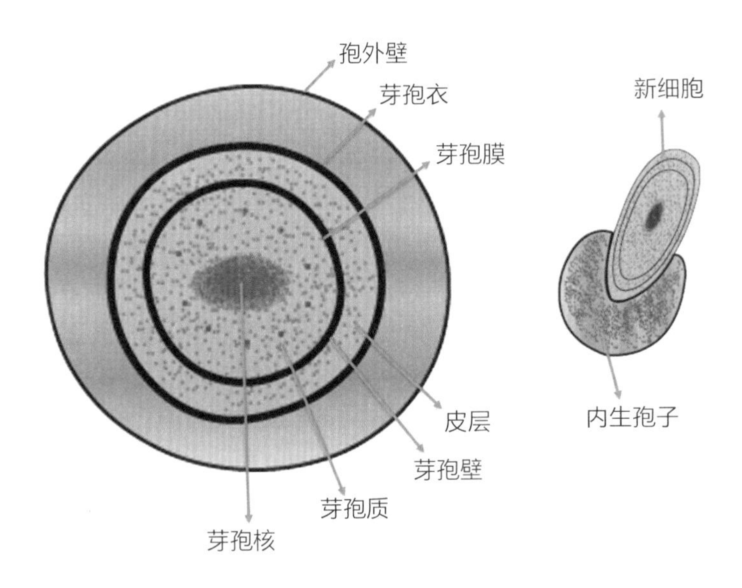

图2-8　芽孢的剖面结构形态图

多数细菌本身是不会运动的，只是由于它们体型偏轻小，能借助风力、水流或黏附在空气中的尘埃和飞禽走兽身上到达任何地方。也有一些细菌身上长有鞭毛，好像鱼的尾巴，能在水中游来摆去，游动起来速度还挺快。

单个细菌是无色透明的，为了便于观察或鉴别，需要给它们染上颜色。1884年丹麦科学家革兰姆创造了一种复染法——先用结晶紫液加碘液染色，再用酒精脱色，然后用复红液染色。经过这样的处理，可以把细菌分成两大类，凡能染成紫色的细菌，叫革兰氏阳性菌；凡被染成红色的细菌，叫革兰氏阴性菌。这两类细菌在生活习性和细胞组成上有很大差别，医生常依据细菌的革兰氏染色来选用药物，诊治疾病。

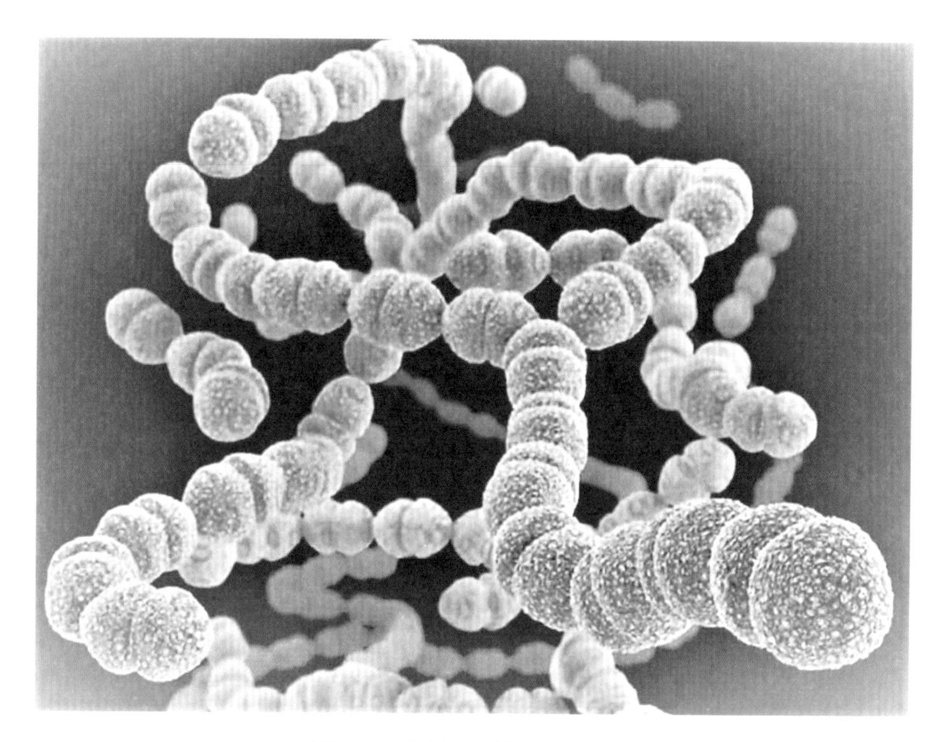

图2-9　革兰氏阳性菌之链球菌

细菌家族的成员如果定居在一个地方生长繁殖，就形成了用肉眼能看见的小群体，叫**菌落**。菌落带有各种漂亮的色彩，如绿脓杆菌的菌落是绿色的，葡萄球菌的菌落是金黄色的。细菌菌落的形状、大小、厚薄和颜色等特点，是鉴别不同菌种的依据之一。英国人弗莱明就是通过观察到金黄色的葡萄球菌菌落减少或消失，从而发现了"吃"掉葡萄球菌的青霉素，划时代地揭开了抗生素的秘密。

消灭细菌的方法

通常限制细菌生长包括三个方法：防腐、消毒、灭菌。

防腐，指防止或抑制微生物生长繁殖的方法，用于防腐的化学药物叫作防腐剂。消毒，指的是仅把物体上的致病菌杀死。而灭菌，是指将所有的微生物都杀死。三者的界限也不是绝对的，可能有些化学试剂在低浓度时是防腐剂、在高浓度时就变成灭菌剂了。

细菌都是坏蛋吗

说起细菌，我们总是先想到疾病，这是因为很多细菌能引起疾病，如结核杆菌、伤寒杆菌、破伤风杆菌等，这些病菌对人体是有害的。

我们平常也说，要注意卫生，防止病从口入，所以要消灭细菌。那么，细菌都是坏蛋吗，都要坚决消灭和抵制吗?

事实上，并不是所有的细菌都对人体有害，有些细菌是我们人类的朋友。在人类的生活中，正是因为某些细菌的存在，我们才能更好地生活下去。

图2-10　乳酸菌可制作酸乳

比如，人们可利用谷氨酸棒状杆菌来制造味精，用乳酸菌来制作酸乳，用苏云金杆菌来制造杀虫剂，用甲烷菌来生产沼气，以及借助某些细菌来冶炼金属、净化污水和制作使农作物增产的细菌肥料等。

再如，正常情况下，寄生在人体肠道里的大量细菌，是可以与我们“和平共处”的朋友。它们不仅安分守己，而且还为人体服务。

在我们刚出生时，肠道里是没有细菌的。一两天后，不少细菌就会出现。人体肠道内主要寄生着大肠杆菌、肠球菌、类杆菌、乳酸杆菌、产气杆菌、变形杆菌、绿脓杆菌、葡萄球菌等。

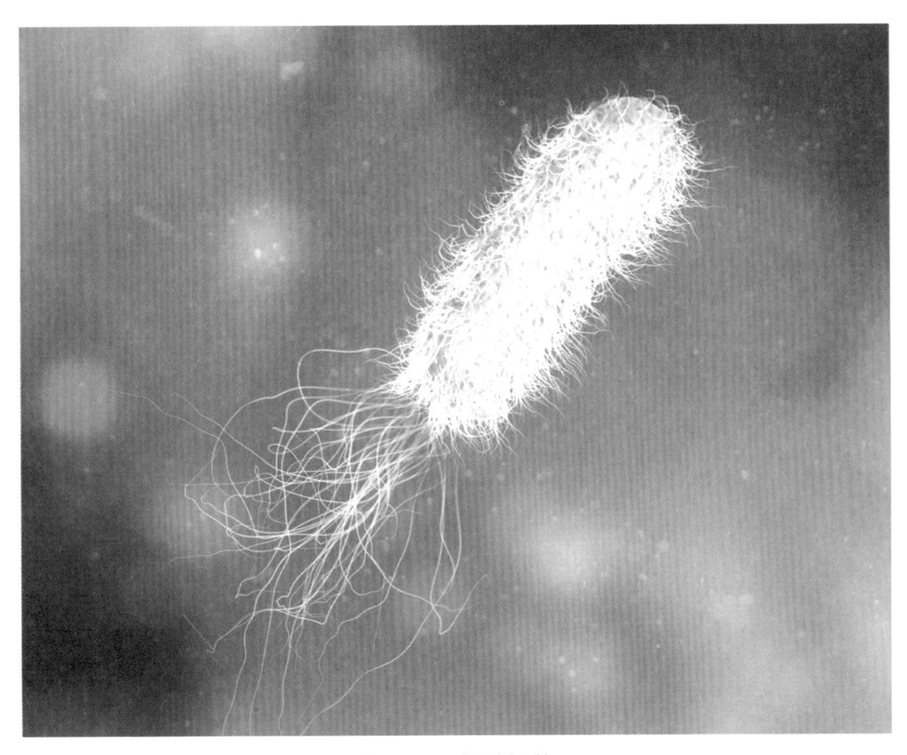

图2-11　绿脓杆菌

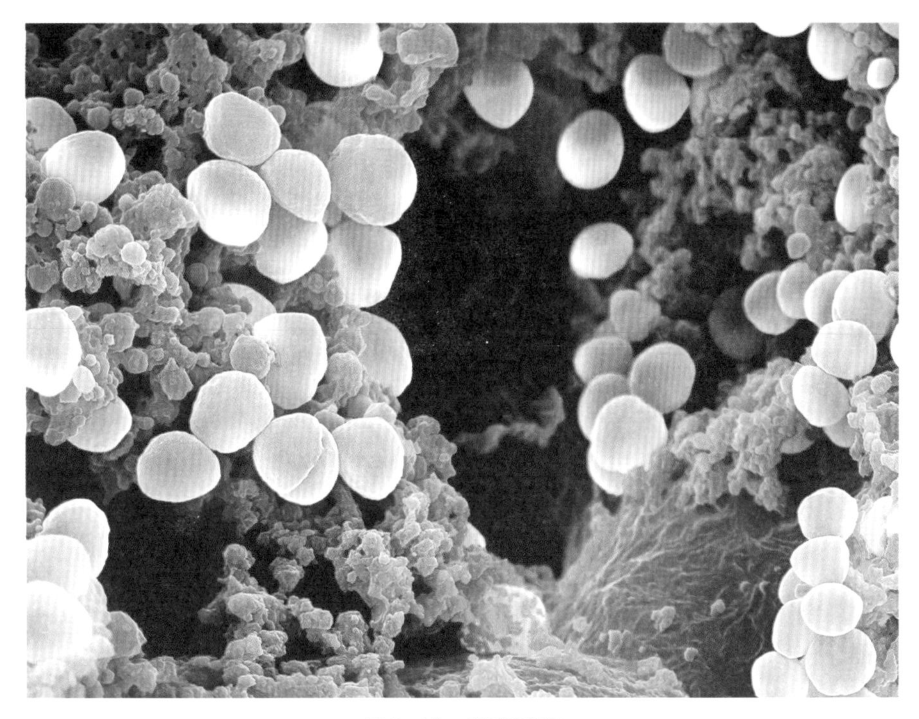

图2-12　葡萄球菌

为什么说有的在人体内的细菌是我们的朋友呢？首先在正常情况下，人体 有一定的抵抗力，能与这些细菌互相适应，互不干扰。细菌之间，也是互相制约、互相依赖，维持一种动态平衡，因而人体才不会生病。

不仅如此，这些细菌还为人体的健康立下了汗马功劳，做了不少对人体有益的事情。

肠道里的细菌能帮助人体合成B族维生素、叶酸和维生素K，尤其在维生素K的合成过程中，细菌的占主要作用。而有些细菌体内就含有极丰富的多种维生素，对人体的生长发育起着十分重要的作用。另外，肠道内的细菌含有一定量的酶类，而酶是调节物质代谢的关键物质。还有不少细菌会产生抗菌物质，这些物质又抑制了有害细菌的破坏作用。所以，一些细菌对我们人类也有好的作用。

科普知识窗

体内过多的自由基会加速细胞老化

自由基是人体进行生命活动时所产生的一种活性分子。正常情况下，自由基具有调节细胞间信号传递和细胞生长、抑制病毒和细菌的作用。但如果体内自由基过多，体内的重要物质，如蛋白质、脂类、糖类等会受到损害。这种损害日积月累，人体就会产生各种疾病，细胞老化。在目前已查明的疾病诱发因素中，如心脑血管疾病、动脉粥样硬化、癌症、关节炎以及白内障等，都与自由基的“捣乱”有关。

功大于过的放线菌

生物小档案

中文名称：放线菌

所属类别：

出现年代：

分布区域：

主要特征：

放线菌也是微生物王国的一大家族，在分类学上是属于细菌。那么，放线菌和细菌有什么区别呢？

放线菌属于原核生物，呈菌丝状生长，主要以饱子繁殖的单细胞生物。放线菌的个体由一个细胞组成，这与细菌十分相似。不过，放线菌又有许多真菌家族的特点，比如，菌体由许多无隔膜的菌丝体组成，因此，从生物进化的角度看，放线菌是一种特征介于细菌与真菌之间的微生物。

那么，什么是放线菌的菌丝呢？菌丝，指的是许多交织在一起的纤细菌体。根据分工的不同，可将菌丝分为三类：基内菌丝、气生菌丝和孢子丝。喜欢“大吃”、专门负责吸收营养和排泄代谢物的菌丝，叫基内菌丝。向上猛长，这是作为放线菌成长发育标志的气生菌丝。放线菌长到一定阶段开始大量繁殖时，先在气生菌丝的顶端长出新的菌丝，叫孢子丝。等到成熟之后，它就分裂出成串的孢子。孢子的外形有的像球，有的像卵，可以随风飘散，遇到适宜的环境，就会在那里“安家落户”，开始吸水，萌生成新的放线菌。

放线菌大量存在于土壤中。它们中绝大多数是腐生菌，能有效分解动植物的腐烂尸体，然后转化成有利于植物生长的营养物质。因此，它们在自然界的物质循环中有着十分重要的作用。还有一种放线菌叫弗兰克氏菌，常发现于许多非豆科木本植物的根瘤里。其能固定大气中的氮，成为植物能利用的氮肥。

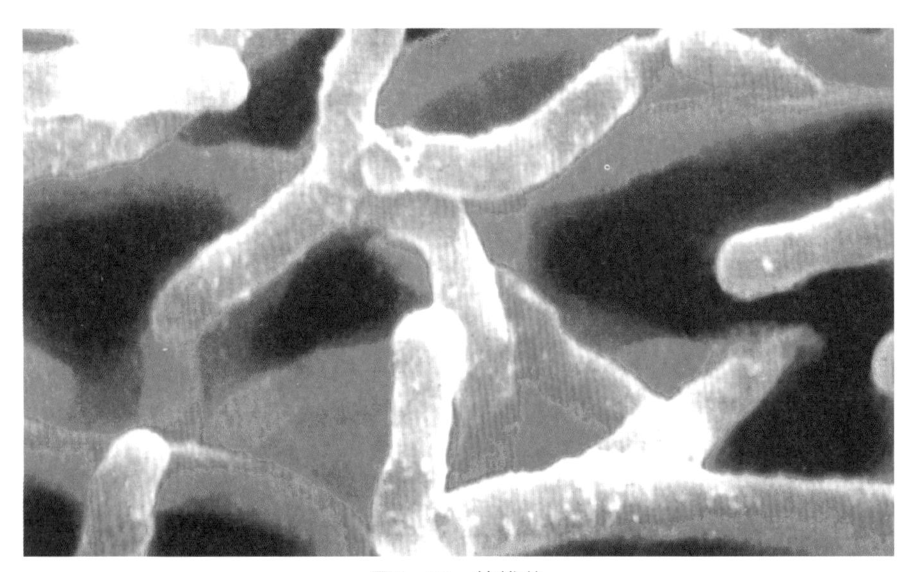

图2-13　放线菌

同时，放线菌还是抗生素的主要生产菌。目前，已经知道的人畜用的抗生素中，约有三分之二以上是由放线菌产生的。

此外，放线菌的菌落颜色鲜艳，呈放射状，对人体无害，因此，它常被用作食品染色剂，既美观，又安全。值得提醒的是，放线菌还可以用来生产维生素B_{12}、蛋白酶等医药用品。

那么，放线菌都是对人类有益的吗？事实上，有些放线菌对人类有害，如分枝杆菌能引起肺结核和麻风病等。

科普知识窗

放线菌可帮助防治植物病害

放线菌作为微生物源农药之一，在植物病害防治中具有很多优势。很多放线菌可产生多种抗生素和酶，有些放线菌还可寄生于植物病原菌中。此外，在自然环境中放线菌可通过产生植物激素和植物生长抑制剂，调整土壤的微生态环境，对提高植物抵抗病原菌和抑制土传病害具有重要作用。

家族成员众多的真菌

生物小档案

中文名称：真菌

所属类别：

出现年代：

分布区域：

主要特征：

真菌这个名字看似比较陌生，其实生活中我们经常接触到它。比如，银耳、木耳、灵芝、冬虫夏草、猴头菇、蘑菇等，都是真菌家族的成员。同时，人们在酿酒、发面、制酱油时都离不开真菌成员中的酵母菌或霉菌的帮助。因此可见，真菌在我们的生活中随处可见。

真菌是微生物王国中种类最庞大的家族，它的成员可达25万种之多。研究发现，真菌的诞生要比细菌晚10亿年左右，目前它是微生物王国中最年轻的成员。

图2-14　灵芝（图1）、银耳（图2）、猴头菇（图3）

图2-15　冬虫夏草

虽然真菌也属于微生物，但是真菌和细菌、放线菌的特性是不同的。那么，它们之间有哪些不同呢？

它们之间最根本的不同就是，真菌已经有了真正的细胞核。因此人们把真菌的细胞叫作真核细胞。从原核细胞进化到真核细胞，是生物进化史上的一件大事。真菌具有多细胞结构，能产生孢子，进行有性繁殖和无性繁殖。

真菌对人类有哪些贡献呢？真菌除了供人们食用之外，还可以用来生产多种抗生素。人们还可以用真菌制取各种酶制剂、试剂和养殖饲料。

那么，是不是意味着真菌都是人类的好朋友呢？事实上，真菌也会给人类带来许多危害。

比如，真菌能侵入人类和动物体内，使人类和动物的淋巴系统、内脏、骨骼等内部组织生病。有的真菌可以产生毒性物质，使人类和动物中毒。同时，遇到梅雨季节，家具、衣服都会长出白“毛”；阴湿的仓库里，粮食、蔬菜、水果常常会腐烂变质；许多人染上了灰指甲病和各种癣病等，都是真菌在作怪。

这其中最著名的真菌感染事件当属“十万火鸡事件”。1960年夏天，英国某地区有10多万只火鸡莫名其妙地死去，当时谁也说不清火鸡得了什么病。后来，人们才发现，原来这些火鸡吃了发霉的花生饼，而发霉的花生饼中含有一种由黄曲霉菌产生的黄曲霉毒素。这是一种很强的致癌物质，能诱发许多动物罹患肝癌，并且该毒素与人肝癌的发生也有一定关系。

在真菌引起的疾病中，有一类是真菌的毒性引起的畸形或慢性中毒症。比如，春生鹅膏就是一种毒蘑菇。它的菌体表现为纯白色，有人称它为白鹅膏或白毒伞。它在我国的分布很广。吃了这种毒蘑菇10～12小时后，人体的中毒症状就会很严重，很快就会毒发身亡。目前为止，医学界还没有治疗这种中毒症的有效方法。

蘑菇、猴头菇是真菌，还是植物？

虽然蘑菇、猴头菇这一类真菌的样子很像植物，但它们的细胞壁里还没有纤维素，原生质体里没有叶绿素，不能像植物那样产生叶绿素，因此它们是真菌而非植物。这是真菌与植物的重要区别。

臭名昭著的病毒

生物小档案

中文名称：病毒

所属类别：

出现年代：

分布区域：

主要特征：

什么是病毒？它为什么比较招人讨厌？

病毒，是一种无色、无味，肉眼无法看见，但它们确实存在于空气中、水中以及每一种生物里的特殊生命体。病毒的个头儿很小，只有用电子显微镜才能看到它们。一般的病毒，只有一根头发直径的万分之一那么大。

和细菌相比，病毒要简单得多。病毒整个结构仅由核酸大分子或者核酸和蛋白质外壳构成。蛋白质外壳决定病毒的形状。它们中有的呈杆状、线状，有的像小球、鸭蛋、炮弹，还有的像蝌蚪。病毒不能单独生存，必须寄生在活细胞体内，因此各种生物的细胞便成为病毒的“家园”。

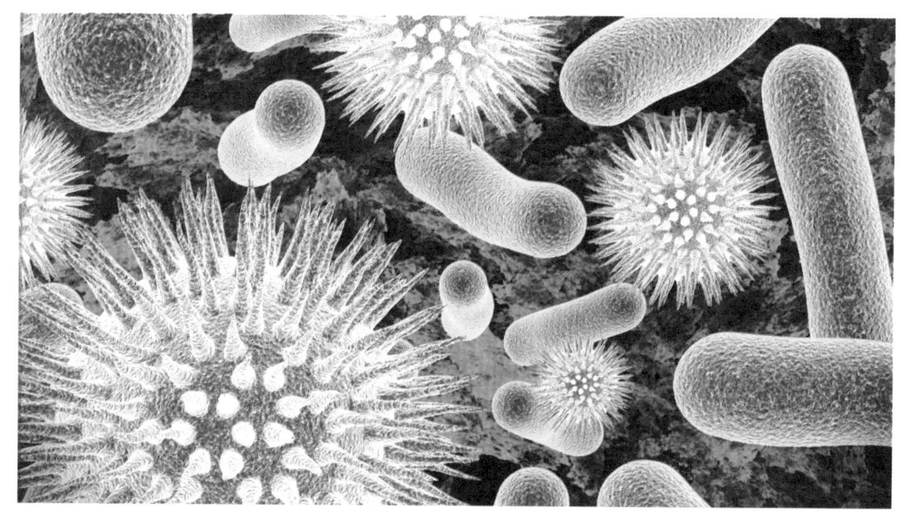

图2-16　显微镜观察下的病毒放大图

寄生在人体或动物身上的病毒叫动物病毒。比如，人类患的天花、肝炎、流行性感冒、麻疹等疾病，动物的鸡瘟、猪丹毒、口蹄疫等，都是因为病毒寄生于人体及动物细胞而引起的。

寄生在植物体上的病毒叫植物病毒。比如，烟草花叶病、大白菜的孤丁病、马铃薯的退化病等，都是由植物病毒引起的。

寄生在昆虫体上的病毒叫昆虫病毒。由于这种病毒可以有效地杀死害虫，所以近年来被当作生物农药广泛使用。

还有一类病毒生活在细菌体内，以菌为食，因此被称为噬菌体，是细菌病毒。

病毒所依赖的活细胞叫寄主，一般每种病毒都有特定的寄主。比如，脑炎病毒只能在脑神经细胞内寄生。寄主养活了病毒，而病毒却“恩将仇报”，反过来危害寄主。再如，以人体为寄主的脊髓灰质炎病毒可以导致小儿麻痹症的发生。

这就是说，病毒的寄生性为消灭病毒带来了困难，因为消灭病毒或多或少都要伤害寄主。只有在人们认识到动物自身具有免疫机能之后，才逐渐掌握了对付病毒的办法——人工免疫。

面对致病的病毒，我们人类真的无计可施吗？疫苗的发明就是用来对抗病毒的。那么，疫苗是依靠什么办法对抗病毒的呢？从蛋白质中研究而来的疫苗刺激机体产生抗体，包覆在病毒表面可导致病毒死亡，并能在病毒再次入侵时立刻辨认，采取保护措施。

流感病毒为什么反反复复地侵袭人体？

第一，流感病毒的感染力很强，少许病毒就会造成感染，加上流感病毒的毒性也很强，感染后就可以使人发病。第二，流感病毒是分甲、乙、丙三型，并且病毒很容易发生变异，人体内对某型流感病毒的特异抵抗力对其他型流感病毒是没有抵抗力的。因此，感染了某一个型的流感后，还可能感染其他型的流感，即使感染过同型流感的人也可能会再次得病。第三，人感染流感病毒后，体内产生的特异性抵抗力保持的时间不长，一般不超过半年。一旦抵抗力消失了，人体就会再次感染这型流感病毒。

★★本部分生物知识小测验

一、单项选择题

1. 细菌细胞的结构特点是（　）。

A. 一般没有细胞核　　B. 没有成形的细胞核

C. 没有核物质　　D. 有细胞核

2. 细菌个体很小，观察时必须使用（　）。

A. 放大镜　　B. 低倍显微镜

C. 高倍显微镜　　D. 肉眼

3. 细菌的繁殖方式是（　）。

A. 分裂生殖　　B. 营养生殖

C. 种子繁殖　　D. 孢子生殖

4. 大肠杆菌的生活方式是（　）。

A. 腐生　B. 寄生　C. 自养　D. 它养

5. 下列四种生物中哪种能够使豆科植物生长良好？（　）。

A. 醋酸杆菌　　B. 根瘤菌

C. 乳酸细菌　　D. 甲烷细菌

6. 在结构上，细菌的细胞与绿色开花植物的细胞不同点是（　）。

A. 没有核膜　　B. 没有细胞膜

C. 没有核仁　　D. 没有叶绿体

7. 对自然界的物质循环起重要作用的细菌是（　）。

A. 乳酸细菌　　B. 甲烷细菌

C. 病原菌　　D. 所有细菌

8. 酵母菌不同于细菌的结构特点是（　）。

A. 有成形的细胞核　　B. 没有成形的细胞核

C. 无芽孢、鞭毛等　　D. 有细胞壁

9. 区别青霉和曲霉的可靠方法是观察其（　）。

A. 营养方式　　B. 孢子的颜色

C. 菌丝形态　　D. 孢子着生的结构

10. 蘑菇的生殖方式是（　）。

A. 营养繁殖　　B. 出芽生殖

C. 孢子生殖　　D. 种子繁殖

11. 蘑菇的营养方式与下列四种生物中哪种相同（　）。

A. 紫菜　B. 枯草杆菌　C. 结核杆　D. 地钱

12. 真菌的主要特征之一是（　）。

A. 没有根、茎、叶，一般营自养生活

B. 没有根、茎、叶，一般营异养生活

C. 有根、茎、叶，一般营自养生活

D. 有根、茎、叶，一船营异养生活

13. 病毒生活的环境是（　）。

A. 水中　B. 空气中　C. 土壤中　D. 活的细胞中

14. 下列哪种疾病是由病毒感染引起的（　）。

A. 肝炎　B. 肺炎　C. 足癣　D. 细菌性痢疾

15. 能有效控制危害人体健康的绿脓杆菌的病毒是（　）。

A. 动物病毒　B. 人类病毒

C. 植物病毒　D. 细菌病毒

16. 下列食品的制作过程中没有使用细菌和真菌的是（　）。

A. 葡萄酒　B. 香肠　C. 面包　D. 腐乳

17. 有的细菌在环境条件不适宜生存时，会形成芽孢。芽孢是细菌的（　）。

A. 休眠体　B. 分泌物　C. 后代　D. 生殖细胞

二、填空题

1. 细菌的个体十分微小，只有在高倍镜下才能观察到，从形态上可将细菌分为______、______和______三类。

2. 细菌是单细胞个体。细胞由____、____和____，没有成形的____。有些细菌有______，有些细菌有______，有些细菌能够形成______。

3. 细菌一般不含______，只能吸收现成的有机物来维持生活，这样的营养方式叫______。

4. 酵母菌和霉菌一样，细胞中都有成形的_____，但都没有_____，它们的营养方式都是_____。

5. 霉菌依靠_____菌丝吸收营养物质，_____菌丝的顶端生有孢子。

6. 真菌主要特征是细菌细胞内具有_____，能够产生_____来繁殖新个体，细胞内没有_____，营养方式是_____。

7. 病毒的个体比细菌要小得多，只能在显微镜下才能观察到。其形态有_____形、_____形和_____形。

8. 病毒没有细胞结构，只有由_____构成的外壳和_____构成的核心。病毒不能独立生活，必需寄生在其他生物的_____里才表现出生命现象。

9. 根据病毒寄主的不同，把病毒分为_____病毒、_____病毒和_____病毒。

10. 细菌病毒又称_____，可以用来治疗一些_____性的疾病。

三、简答题

1. 什么是微生物，它有哪些特征?

2. 细菌和病毒的区别是什么?

3. 微生物都生存在哪里，请简述一下。

第三部分

多姿多彩的植物进化历程

花草树木也会生病吗

就像人和动物会生病一样，花草树木也会生病。花草树木生病的原因有很多，除了病毒、细菌的感染外，也会因营养元素缺乏或环境污染生病。但是，如果花草树木生长在健康的环境中，就基本不会生病，或者即使有点小病，它们也能够依靠自身的“免疫力”抵抗过去。

通常，植物生病后会有哪些表现呢？植物生病后主要表现为变色、坏死、腐烂、萎蔫、畸形五大症状。但这几个症状并非会同时出现。如果出现了上述两种及以上症状，则说明植物得了比较严重的病害。

图3-1　植物生病后的萎蔫

那么，植物为什么会生病呢？研究发现，植物之所以生病，除自然因素外，常与人们盲目开垦植被、过度猎取生物资源、工业污染以及农业措施不当等因素有关。在现代农业生产中，过度使用化学物质会造成耕地污染并引起生物多样性下降，长期使用农膜等可能会引起植物病害的流行。

图3-2　生病的树叶

从某种意义上说，植物生病，是因为它们的生长严重违背了自然规律，如反季节蔬菜、水果，完全是在人为的环境下进行的，人类虽然提供了蔬菜、水果生长的阳光、温度、水和营养条件，但是没有提供满足它们必需的、健康的外部环境，这样蔬菜、水果生病就是不可避免的了。

既然植物会生病，那植物生病了该怎么办呢？它们又不能像人那样去医院看病。事实上，植物也有它们自己的“医生”，它们会用特殊的方式请“医生”来帮自己看病。

比如，科学家发现植物的叶子被害虫咬伤后会散发出一种特殊的香味，会吸引来植物“医生”——害虫的天敌前来帮忙。

研究发现，植物的叶片在受到害虫的咬食之后，害虫口腔里分泌的唾液会流到植物的受伤部位，使受伤部位流出一些汁液。植物就会在害虫唾液的刺激下散发出特殊的香味，可引诱害虫的天敌前来消灭害虫。

再如，卷心菜叶片受到菜粉蝶幼虫的咬食后，卷心菜释放出的特殊香味可吸引远处的“医生”——菜粉蝶的天敌菜粉蝶绒茧蜂。在卷心菜叶片受到菜粉蝶幼虫咬食一小时后，同一区域就会有50%的绒茧蜂飞向遭受虫咬的卷心菜。

图3-3　卷心菜上的菜粉蝶幼虫（上）、菜粉蝶绒茧蜂（下）

如果植物不是被害虫咬伤，而是受到器械性损伤，那么植物“医生”会不会专门跑来帮忙治疗呢？答案是不会，因为它们闻不到特殊的气味，是不会特意前来的。

除了招引植物“医生”外，有的植物在受到害虫咬食后释放出的气味本身就可以驱虫。比如，茶树的叶片在受到蝉的咬食后，会散发出一种独特的、蝉十分讨厌的气味，蝉闻到后只好匆匆地逃走了。

科普知识窗

为什么生长在热带雨林或荒漠的植物很少生病？

这是因为热带雨林、亚热带森林、暖温带森林，或者红树林、草原荒漠，乃至湿地，那里有植物优良的生长环境，动植物、微生物之间形成了健康平衡的生态系统，所以那里的植物很少生病。

植物是如何生长的

植物是如何生长的呢？和动物相比，它们不能到处活动，也没有嘴巴吃东西，是怎么生存的呢？

通常，植物通过光合作用、呼吸作用和蒸腾作用生长发育。

1. 植物的光合作用

植物与动物不同，它们没有消化系统，因此它们必须利用独特的方式为自己寻求养料，实现营养的摄入。对于绿色植物来说，它们可以利用太阳光，在叶绿素的帮助下，将二氧化碳、水等无机物转化为有机物，并释放出氧气。

2. 植物的呼吸作用

任何动物都需要呼吸，那么植物需要呼吸吗？答案是肯定的。呼吸作用是生物都必须进行的一项生命活动。

植物的呼吸作用白天和晚上都在进行，但植物在晚上只会呼出二氧化碳，因此清晨树林里的二氧化碳含量比较高，所以，在树林中进行晨练并不是健康的运动方式。

图3-4　光合作用中的树叶

3. 植物的蒸腾作用

我们知道，培育一株小小的植物需要浇灌比它的体积多出很多的水，但这些水都被植物吸收了吗？事实上，这些水只有一小部分被植物吸收了，大部分就像汗液一样蒸发掉了，变成了水蒸气，这个过程就是蒸腾作用。这一过程不仅受外界环境条件的影响，而且受植物本身的调节和控制，因此蒸腾作用比光合作用、呼吸作用要复杂得多。

蒸腾作用分为三种：皮孔蒸腾、角质层蒸腾和气孔蒸腾。

植物通过皮孔蒸腾和角质层蒸发的水分非常少。皮孔蒸腾约占蒸腾总量的0.1%。角质层蒸腾约占蒸腾总量的5%～10%，长期生长在干旱条件下的植物，其角质层蒸腾量更低。

图3-5　蒸腾作用

气孔蒸腾就是通过气孔的蒸腾，是植物进行蒸腾作用最主要的方式。气孔是植物进行体内外气体交换的重要门户。水蒸气、二氧化碳、氧气都要共用气孔这个通道，气孔的开闭会影响植物的蒸腾作用、光合作用、呼吸作用等生理过程。

那么，蒸腾作用对大自然和植物有什么意义呢？

对环境而言，蒸腾作用能使空气保持湿润，降低气温，让当地的雨水充沛，形成良性循环，起到调节气候的作用；对植物水分运输而言，对于那些高大的植物来说，蒸腾作用无疑是它们顶端部分“喝水”的最佳方式。假如没有蒸腾作用，由蒸腾拉力引起的吸水过程便不能实现，植株的较高部分将无法获得水分。

为什么植物的叶子不会被紫外线晒伤

蒸腾作用能够降低叶片的温度。当太阳光照射到叶片上时，如果叶片表面温度过高，叶片就会被灼伤。而蒸腾作用能够降低叶片表面的温度，使叶片在强光下进行光合作用也不会受到伤害。

光合作用的先驱——蓝藻

生物小档案

中文名称：蓝藻

所属类别：

出现年代：

分布区域：

主要特征：

蓝藻是最原始的植物吗？它是怎么被发现的呢？

蓝藻也叫蓝细菌，它是藻类植物中最简单、最低级的一门。它们的主要形状有：丝状、串珠状、球状等。

蓝藻大约出现在距今33～35亿年前，现在已知约2000种。虽然蓝藻生活的地域范围十分广泛，遍及各种地理环境，但它们最多见于淡水水域。有些种类可生活在60℃～85℃的高温水域中，有些种类则可以和真菌、苔藓植物、蕨类植物和裸子植物等较为高等的植物共生。

图3-6　岸滩边的蓝藻形成的浮沫

蓝藻，是原核生物的代表。它的体积非常小，以二分裂的方式繁殖后代，即一分为二、二分为四、四分为八……且每20分钟可繁殖一代，其繁殖速度之快令人惊叹。

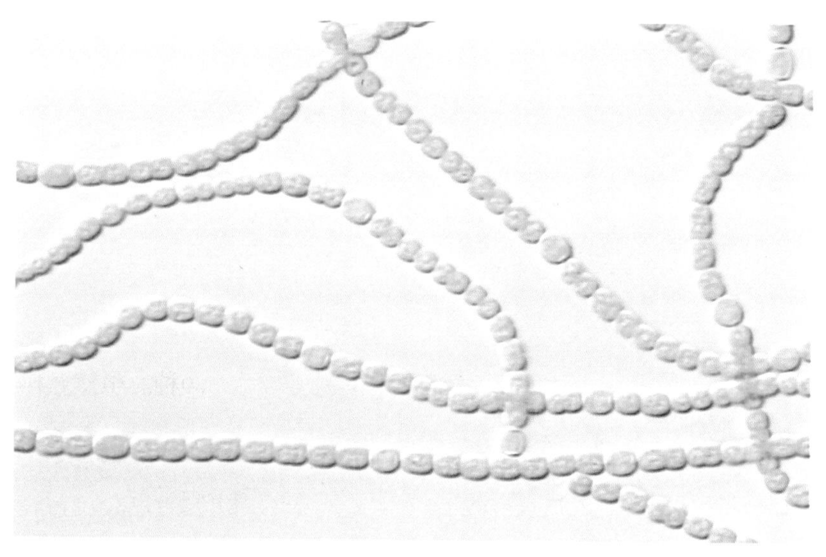

图3-7　蓝藻

蓝藻的细胞内有叶绿素，可以吸收太阳光和二氧化碳，并经光合作用而制造出有机物供自身利用。同时，从地质学家发掘的34亿年前的化石来看，最早进化出具有光合作用能力的生物外形与今天我们在显微镜下看到的蓝藻非常相似——这为蓝藻作为最早开始光合作用生物体之一提供了有力的证据。早期的蓝藻在利用光能之后，便有了源源不断的能量来源，从而具备了巨大的进化优势，在光合细菌中占据了主导地位。因此，我们应该感谢蓝藻的祖先，在它演化出光合作用的能力之后，地球开始向如今这种欣欣向荣的模式发展。

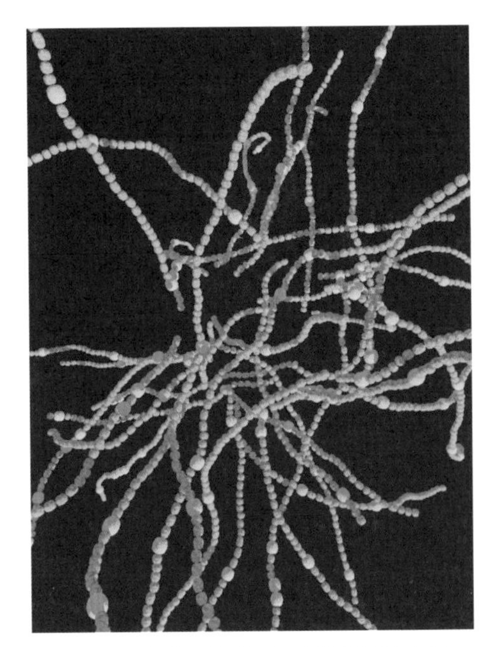

图3-8　显微镜下观察到的蓝藻放大图

尽管蓝藻非常小，只有在显微镜下才能看到，但它繁殖速度很快，因此数量惊人。蓝藻不断地吸收大气层中的二氧化碳并释放出氧气，这些氧气与大气层中的甲烷进行化学作用，变成二氧化碳和水；和氨结合就成了氮气和水；与硫化氢相遇，就形成水和二氧化硫，进而形成硫酸溶入水中，从而逐渐改变了大气层的成分。

甚至有不少蓝藻可以直接固定大气中的氮，这样一来，土壤中的养分被极大丰富，有利于作物的增产；有的蓝藻还成了人们的盘中美食，如著名的发菜和普通念珠藻（地木耳）等，它们就属于蓝藻门中的不同品种。

蓝藻对人类都是有益的吗?

不是的。在一些营养丰富的水体中，有些蓝藻常于夏季大量繁殖，并在水面形成一层蓝绿色而有腥臭味的浮沫，这就是环境杀手——水华，是导致水环境污染的一大灾害。有些蓝藻还会产生一些毒素破坏水质，对鱼类、人、畜等都有很大危害。

藻类植物：最早出现的水生植物

生物小档案

中文名称：藻类植物

所属类别：

出现年代：

分布区域：

主要特征：

什么是藻类植物？关于藻类的概念古今不同。我国古书上说：“藻，水草也，或作藻。”可见，在我国古代所说的藻类是对水生植物的总称。

那么，藻类植物的进化历史是怎样的呢？已知最早的藻类化石是在非洲南部距今32亿年前的太古代地层中发现的。

经过漫长的岁月变迁，到距今25亿年至17亿年前，在加拿大安大略省的早元古代含铁层中，古生物学家发现了具球状体的蓝藻化石，同时还有由许多形态相同或异形的细胞联结而成的丝状体结构。到了距今15亿年至

14亿年，具有真核细胞的藻类出现了。

大约在元古代晚期，褐藻在藻类生物中已经占有一定的位置。比如，我国三门峡地区晚震旦纪地层和世界其他许多地方，都发现有大量带状褐藻类化石。这些带状褐藻的广泛分布，就是藻类出现的证据。

到古生代早期，藻类结构更加复杂，种类空前繁多，成了植物界的主角。大约又过了2亿年，到了泥盆纪以后，藻类生物的发展似乎趋向衰退。此时，陆生植物开始大量出现，从此，苍茫大地披上了绿色的新装。

图3-9 褐藻

那么，从现代植物学的角度来看，什么是藻类呢？藻类，是一种结构简单，没有根、茎、叶的分化，可以进行自养的植物，包括原核藻类和真核藻类。一类是真核生物，但也有一种为原核生物，如蓝藻门的藻类。体型大小各异，有长约1微米的单细胞的小型鞭毛藻，也有长达60米的大型褐藻。

藻类可由一个或少数几个细胞组成，也有许多细胞聚合成组织样的藻群。丝状体可分支，可不分支。

藻类虽然以水生为主，但仍有部分生活在温带的森林或极地的苔原。某些藻类变种可生活于土壤中，能耐受长期的缺水条件；还有一些生活于积雪中，甚至还有极少数能在温泉中繁盛生长。

图3-10　藻类植物

真核藻类具有细胞核，有具膜的液泡和细胞器（如线粒体）。大多数藻类在生长过程中需要氧气，用各种叶绿体分子（如叶绿素、类胡萝卜素、藻胆蛋白等）进行光合作用。因此，地球上90%的光合作用是由藻类完成的。在地球早期，藻类在创造富氧环境中发挥了极其重要的作用。浮游的藻类是海洋食物链中非常重要的环节，所有高等水生生物的生存最终都需要依靠藻类来进行。此外，从史前时代起，藻类一直被用作牲畜的饲料和人类的食物。

藻类是如何生生世世繁殖下去的呢？通常，藻类的繁殖方式有三种：营养繁殖、无性繁殖或有性繁殖。营养繁殖是植物繁殖方式的一种，是利用营养器官，如根、茎、叶等繁殖后代。无性繁殖也叫无配子繁殖，是一种亲体不通过性细胞而产生后代个体的繁殖方式，包括分裂繁殖、出芽繁殖、孢子繁殖等多种形式。有性繁殖则依靠配子，可以是同配或异配。有性繁殖通常发生于藻类生活史中的艰难时期，比如，在生长季节结束时或处于不利的环境条件下进行。

科普知识窗

藻类可用作鱼饵料、牲畜饲料

藻类除了能释放氧气、净化环境、供人类食用之外，也可以做鱼类的饵料、畜禽的辅助饲料等。比如，鸡和牛食用的海藻粉，就是用藻类制作的饲料添加剂，它可促进畜禽的生长，增加产蛋量及产奶量。

哪些植物最早登上了陆地

生物小档案

中文名称：

所属类别：

出现年代：

分布区域：

主要特征：

我们知道，在植物的进化历程中，早期出现的藻类是水生，但是如今的大地上遍布着郁郁葱葱的植物，这就说明植物是从水域登上了陆地。那么，植物是怎么从水生进化到陆生的呢？最早登陆的植物又是什么呢？

早在6亿多年前，海洋中生活着的植物只有藻类。后来，又过了2亿多年的时间，也就是说，在距今4亿年的志留纪末期，地球上出现了一系列剧烈的地壳运动，致使陆地上升，海水撤退，气候湿热。同时，臭氧层的形成更是有效地阻挡了紫外线的强烈辐射。在这种气候突变下，许多水生植物被迫进入沼泽地带。这时候，水生植物只有摆脱水的束缚，才能在新的环境中继续生存下来。

那么，哪些植物将最早由水域登上陆地呢？

那些在水中营固着生活的丝状体或叶状体藻类将担负起登陆的重任。目前，比较公认的说法是，绿藻是现代近30万种高等植物的祖先。在印度、非洲和日本发现的费氏藻（绿藻门中的一种藻类）很有可能就是高等植物的祖先，因为费氏藻有直立枝和匍匐枝的分化。匍匐枝生于地下，直立枝穿过土层，并在土表分成丛状枝，外表有角质层，有世代交替现象，能适应陆地生活。

图3-11　绿藻

由水生到陆生是植物进化，也是生物进化史上的一次巨大飞跃。如上所述，那些在竞争中具备适应陆地环境生活的植物种类开始离开水域而登陆了。植物在登陆的过程中，水分的吸收、保持和运输以及生殖方式的改变、适应等是至关重要的问题。因此，涉及这些方面的构造在长期进化过程中不断发展、不断完善。

最早生存于陆地的植物是地衣（菌类和藻类的共生体），随后出现苔藓植物。刚登陆时，它们没有根和叶，仅是一个“茎状物”。后来，逐渐有根、茎、叶的分化。它们的地上部分向空中生长，进行光合作用；吸水、用水的器官有了分工，促使维管束的发展。地下茎部分逐渐生出了细小叉状旁枝，称为“假根”。

图3-12　水生植物

后来，随着气候进一步的干旱，裸蕨类植物逐渐衰亡了，其他机能结构更高等的蕨类植物成了主角。虽然蕨类植物源于裸蕨植物，但已经有了真正的根和叶。

科普知识窗

陆生植物出现的意义

植物登陆，改变了以往陆地一片荒漠的景观，使陆地逐渐披上绿装且富有生机。同时，陆生植物的出现与进化发展，完善了全球生态体系。因此陆生植物具有更强的生产能力，它不仅能制造出糖类，而且在光合作用过程中会大量吸收大气中的二氧化碳，释放出大量的游离氧，从而改善了大气层的成分比，为提高大气中游离氧的含量做出了重大贡献。因此，4亿年前的植物登陆是生物发展史上的一个伟大创举。

苔藓植物：原始高等无根植物

生物小档案

中文名称：苔藓植物

所属类别：

出现年代：

分布区域：

主要特征：

苔藓植物的进化历程，可以说是整个植物进化历程中的一个侧支。

苔藓植物是在泥盆纪时期出现的。当时，在植物登陆的大军中，在裸蕨植物成功登上陆地前后，有一类叫“苔藓”的植物也到陆地生活了。

虽然登上了陆地，但苔藓植物始终生存在阴湿的生活环境中，直到今天，也没有进化出真正的根。这就是说，从生物学的角度来看，苔藓植物虽然成功登陆了，但它们始终没能成为陆生植物中的优势类群，只是植物界进化中的一个侧支。

如今，我们在阳光照不到的墙角或大树根的旁边，常常可以找到绿色的苔藓植物。仔细观察，我们会发现它们没有真正的根，但藓类已经有了茎、叶的分化，没有维管组织，大多数生长在阴湿的树干上、墙角处或岩石上。

苔藓植物都比较矮小，可以分为苔和藓两大类。苔类植物通常贴在地面生长；而藓类植物则大多数都笔直着向上生长。

常见的苔藓植物有地钱、葫芦藓、墙藓、泥炭藓等。

图3-13　苔藓植物——葫芦藓

那么，矮小的苔藓植物是怎么繁殖后代的呢？苔藓植物繁殖的主要部分是配子体，即能产生配子（性细胞）。配子体能形成雌雄生殖器官。雄生殖器官成熟后释放出雄配子，雄配子以水作为媒介游进雌生殖器内，使雌配子受精。受精后就发育成孢子体。

孢子体具有孢蒴（孢子囊），内生有孢子。孢子成熟后随风飘散。在适当环境，孢子萌发成丝状构造（原丝体）。原丝体产生芽体，芽体发育成配子体。

图3-14　大金发藓的配子体和孢子体

在苔藓植物的生活史中，从孢子萌发到形成配子体，配子体产生雌雄配子，这一阶段为有性世代。从受精卵发育成胚，由胚发育形成孢子体的阶段称为无性世代。对苔藓植物来说，一生中有两个世代，两个世代交替出现，称为世代交替。

苔藓植物的配子体，在繁殖类别中占优势，且能独立生活；而孢子体不能独立生活，只能寄生在配子体上。这是苔藓植物区别于其他高等植物的主要特征之一。

科普知识窗

苔藓植物为什么都长不高?

由于苔藓植物结构简单，仅包含茎和叶两部分，有时只有扁平的叶状体，并没有真正的根，身体里没有运送水分和养料的管道，只能依靠含有叶绿素的小叶片来直接吸收水分和营养，再进行光合作用，所以它们都长得很矮小，通常只有几厘米高，最高也就10厘米左右。

蕨类植物：艰难进化的植物实力派

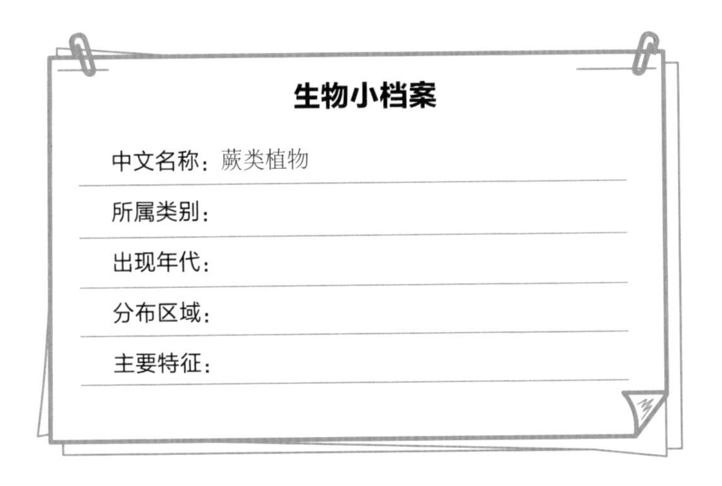

在植物的进化史上，蕨类植物作为最早登上陆地的植物类群，如今已经拥有三亿多年的生存历史，生存地域遍布全世界，种类超过一万种。它们多变的枝叶，精巧的叶面，优雅的气质，堪称植物中低调的“实力派”。

那么，低调的蕨类植物是如何进化来的呢？大约在陆地上出现了植物之后，裸蕨植物开始向蕨类植物进化。一般认为，裸蕨植物分三条进化路线向蕨类植物进化。一支为石松类，一支为木贼类（即楔叶类），另一支为真蕨类。

蕨类也是早期植物的一种形态，最早的蕨类植物化石可以追踪到3.6亿年以前的石炭纪时期。

最早的蕨类植物出现在泥盆纪早期，在从泥盆纪晚期至石炭纪和二叠纪的1.6亿年的时间里，蕨类植物种类多、分布广、生长繁茂，是当时地球上的主角。但在二叠纪时因气候急剧变化，生长在湿润环境中的许多植物种类不能抵抗二叠纪时出现的季节性干旱和大规模的地壳运动的变化而几乎遭到淘汰。

后来，在三叠纪和侏罗纪时，又进化出一些新的种类，其中大多数种类进化、发展到现在。比如，蕨类植物中的化石有早泥盆纪的石松类的刺石松和星木属，二者均为草本类。而泥盆纪至石炭纪时期也有乔木类的石松植物，如已经灭绝的鳞木属和封印木属。

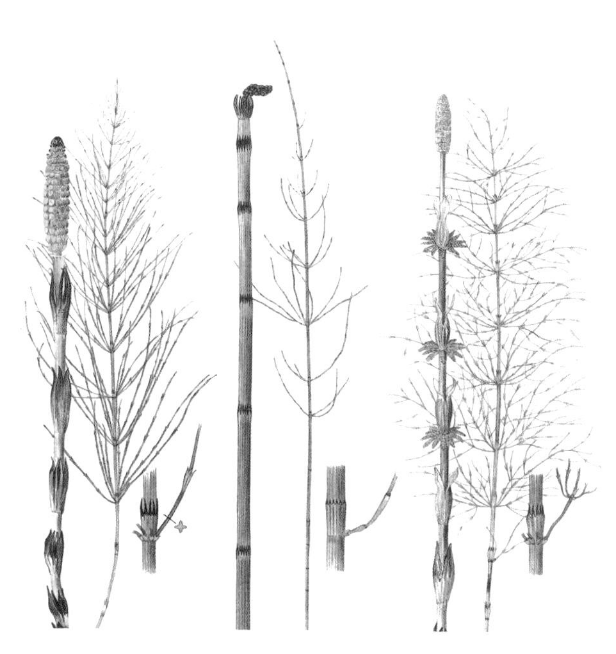

图3-15　石松植物的枝干和叶子

蕨类植物的另一支木贼类（楔叶类）也是在泥盆纪时期才出现的，至石炭纪时木本和草本的种类都有，如著名的乔木类芦木属。到了二叠纪时乔木类则绝灭。后来仅剩下一些较小的草本类。高大的乔木类是该地层的主要成煤植物之一。蕨类植物中的真蕨类最早出现于泥盆纪的早期和中期，如著名的小原始蕨属化石。虽然泥盆纪至石炭纪时的真蕨类多为大型树蕨状。但在二叠纪时期逐渐消失，真蕨类仅有一些小型者延续至今。生物学家研究发现，现代真蕨类中有些种类是在三叠纪和侏罗纪时期出现并延续至今的。

图3-16　蕨类植物的几种常见类型

如今，广泛存在的蕨类植物已经真正有了根、茎、叶的分化，已具有维管组织，和能输导水分、无机盐和营养物质的维管组织，但其受精阶段仍离不开有水环境，仍以孢子繁殖后代。

科普知识窗

植物为什么可以再生，动物却不能？

这是因为植物体的结构非常简单，每个细胞中都含有这种植物的所有遗传信息，而且这种遗传信息都能够自然表达。这就是说，植物细胞具有高度的再生长能力，一旦它脆弱的身体任何一部分受到损伤都可以轻松地再生。虽然动物细胞也含有所有的遗传信息，但这些遗传信息却是因细胞功能的不同而有选择性地进行蛋白质合成的，进而进行器官的合成。比如，肝细胞只能指导肝脏的构建，而不会长成胃。正是因为这种特殊部位的细胞专门化，动物才不可能让每个细胞中的基因都完全表达，否则每个器官的独特作用就无法体现出来。

裸子植物：裸露着种子的植物

生物小档案

中文名称：裸子植物

所属类别：

出现年代：

分布区域：

主要特征：

裸子植物是怎么起源的呢？它们和蕨类植物相比，又有哪些明显的进化特征呢？

最早的裸子植物出现在距今大约3.7亿年前的晚泥盆纪时期。在二叠纪时期，由于气候的剧变，之前不起眼的一个植物门类——裸子植物开始繁盛起来。

到了三叠纪时期，气候逐渐变得温湿起来，植物趋向繁茂，低丘缓坡地域开始出现种子蕨、苏铁、银杏和松柏等裸子植物，并且成了陆地植物群中的主要力量。其中，种子蕨已绝灭，其余几类裸子植物延续至今。

图3-17 苏铁（左）、银杏（右）

如今的裸子植物，属于种子植物中较原始的一类，具有颈卵器，既属颈卵器植物，又是能产生种子的种子植物。它们的胚珠外面没有子房壁包被，不形成果皮，种子是裸露的，故称裸子植物。如今，地球上已发现的裸子植物约有800种，隶属5纲，即苏铁纲、银杏纲、松柏纲、红豆杉纲和买麻藤纲。

图3-18 裸子植物

在裸子植物漫长的进化历程中，比较有代表性的当属银杏了。银杏是有名的长寿树，也是植物活化石。

那么，银杏为什么被称为“植物活化石”呢？因为银杏不止活得久，它的血统也相当古老，现在发掘出的最古老的银杏化石经过测定，可追溯到3.45亿年前的石炭纪时期。

银杏也称“白果树”“公孙树”，属银杏科，落叶乔木。银杏的植株通常比较高大，高可达40米。银杏叶的叶柄细且长，通常3～5枚叶集中生长在一根短枝上。

银杏的叶形独特，外观呈扇形，两面淡绿色，在宽阔的顶缘多少具有缺刻或2裂，宽5～8厘米。每逢秋天，叶片变得金黄。

银杏的种子俗称白果，可以食用，但食用过量会导致中毒。银杏果呈椭圆形或倒卵形，可以入药，性平，味苦涩，具有敛肺定喘的功效，主治痰多、咳喘、遗精、小便频繁等症。

此外，银杏叶也具有重要的药用价值。到目前为止已知其化学成分的银杏叶提取物多达160余种，经试验对冠心病、心绞痛、脑血管疾病有一定的疗效。

总的来说，像银杏这样功效丰富、历史悠久的裸子植物，现代生存的有不少种类出现于第三纪时期，后又经过冰川时期而保留下来，并繁衍至今。

我国对裸子植物的保护已颇为重视，已建立了少数以残遗或濒危裸子植物（如银杉、百山祖冷杉、攀枝花苏铁、元宝山冷杉、水杉等）为保护对象的保护区。另一些裸子植物的物种在其产地所建保护区已被列为主要保护对象。

为什么有的银杏树不结果子呢?

银杏树也分雌雄，它们属于雌雄异株的植物。有时我们会看到银杏的主人或是园林工人会将一些“神奇的”药粉混到水里，然后喷到银杏树上。其实“神奇的”药粉就是雄性银杏树的花粉，而混到水里朝树上喷洒就是“人工授精”。只有在“人工授精”之后，雌性的银杏树才能结出银杏果了。

开花结果的高等被子植物

当裸子植物进化到一定阶段后，就出现了被子植物。那么，被子植物有哪些特征，它们又是怎样进化来的呢？

关于被子植物的起源，当前多数学者认为，被子植物起源于白垩纪。科学家发现白垩纪之前没有找到相关化石证据证实被子植物的存在。此外，从孢粉证据来看，植物专家根据早白垩纪和晚白垩纪地层中孢粉的研究发现，能证明被子植物最初的分化证据出现于早白垩纪，接着在侏罗纪时期地球为被子植物的发展准备好了环境条件。

同时，生物学家经过研究得出结论：在白垩纪时期，被子植物中木兰目的发展先于被子植物的其他类群。并且，从侏罗纪地层中发现那时的单子叶和双子叶植物木兰类和柔荑花序类均已发育较好。

图3-19　柔荑花序

关于被子植物起源的时间，生物学家通过对花粉粒和叶化石研究得出结论，被子植物出现于早白垩纪。

被子植物是植物界中数量最多、结构最复杂、进化地位最高级的植物类群，几乎适应任何地理环境。与其他类型的植物相比，被子植物具有根、茎、叶、花、果实和种子，而且种子的外面有果皮包被着。被子植物的外形差异很大，有参天大树，也有娇嫩小草，有蔬菜水果，也有鲜花药材。

科普知识窗

被子植物是人类生存的基础

当被子植物进入繁盛时期时，世界变得绚丽多彩，大地生机盎然，很快哺乳动物随着被子植物的进化而兴盛起来，这就是植物养育人类的起源。此后的被子植物，从草本植物到木本植物为人类提供了大量的生活所需。从吃的粮食、瓜果、蔬菜，到穿的棉麻织物，医疗用的药品、营养品，再到居住用的木材以及旅行用的车船等，无不来自开花的被子植物。因此，被子植物是人类生存的物质基础。

五颜六色的花是如何繁殖的

生物小档案

中文名称：花

所属类别：

出现年代：

分布区域：

主要特征：

花，作为植物界的奇迹、植物的生殖器官，从诞生之日起就受到人们的喜爱和关注。于是围绕花朵的疑问就有很多，比如：花朵为什么是五颜六色的呢？它们又是如何繁殖的？

花本身只是植物用来繁衍后代的器官。那么，花朵是如何繁衍后代，即传粉的呢？

花粉传播的方式之一是通过风力传播的。这对于藻类和蕨类等低等植物来说，已经算是先进的了。我们称这种利用风力作为传粉媒介的花为风媒花，如玉米和杨树的花。依靠风力传粉的植物约占有花植物的五分之一，被子植物的杨柳科的杨属、禾本科等都是风媒植物。

然而风媒的传粉方式有它自身的缺点。风媒花的花朵一般较小，且不鲜艳，花被常退化或不存在，花朵没有香味和蜜腺；风媒传粉只是随机地将雄花的花粉传播出去，而不确保花粉能顺利到达雌花，因此传粉效率非常低，通常风媒植物在地球上是点状分布的。

图3-20　风媒花

既然说风媒花不鲜艳，但是为什么地球上又诞生了五颜六色的花朵呢？那么是什么原因让花朵进化得五彩斑斓了呢？

由于风媒传粉的局限性，被子植物便进一步进化了自己的生殖器官，于是五颜六色、气味芬芳、内藏花蜜的各种花朵便产生了。昆虫们因为对颜色、花蜜特别喜爱，便勤劳地在这些花上面飞来飞去采集蜜源，使得花粉能更加精确地被传给雌蕊了。我们将这种靠昆虫传播花粉的植物称为“虫媒传粉植物”。

图3-21　虫媒花

那么，怎么判断哪些花是靠虫媒传粉呢？通常，我们周围的那些姹紫嫣红、五彩缤纷的花大多属于虫媒传粉。一般虫媒花具有美丽的花瓣、发达的蜜腺和较强的香味，花粉有黏液、黏丝、凸起等，这些特质和构造使得花粉很容易附着在昆虫身体上。这样，昆虫不用为自己的蜜源而四处奔波了，并且也乐意帮助花朵传粉。

然而，昆虫并不可能长途飞行去传粉，它们通常会在一个适合自己生长的地方集中生活，因此虫媒花的分布通常也较为集中，在地球上呈片状分布。

总的来说，花之所以受到昆虫的关注，一是花色，二是花香，三是花蜜。其中，花色，通常指的是花的各组成部分中花瓣等部分的颜色。同时，花瓣香味越浓、颜色越美，越受昆虫喜爱，传粉率也越高。所以也就有了花朵的“争奇斗艳”之说。因此，人们认为，花朵的美丽和芬芳完全是昆虫有目的地选择的结果。

图3-22　五颜六色的花朵

从生物进化角度来说，花的真正责任只是用来生育后代，而它的鲜艳只不过是提高繁殖效率的手段而已。不过这个手段的使用真的令人称赞，毕竟地球上因为花朵的五颜六色而变得万紫千红起来了。

花粉传播方式还有鸟媒、水媒

除了风媒传粉和虫媒传粉之外，花粉传播的方式还有鸟媒传粉、水媒传粉。鸟类是传播花粉的理想对象，他们飞得很高，飞得远，活动范围也较大。比如，蜂鸟和蝙蝠等，都是传媒的高手。而水媒传粉有两种情况：一种是水上传粉，如伊乐藻属、黑藻属和苦草属等植物。另一种是水下传粉，如茨藻属、金鱼藻属和大叶藻等。

★★本部分生物知识小测验

一、单项选择题

1. 植物体结构和功能的基本单位是（　）。

A. 植物细胞　　B. 细胞壁

C. 细胞膜　　D. 细胞质

2. 植物各细胞之间互相交流营养物质的结构是（　）。

A. 细胞壁　　B. 细胞膜

C. 胞间连丝　　D. 液泡

3. 植物体能够由小长大的原因是（　）。

A. 细胞的分裂和生长　　B. 细胞的生长和分化

C. 细胞的分裂　　D. 细胞的生长

4. 植物体组织的形成是由于（　）。

A. 细胞生长的结果　　B. 细胞分化的结果

C. 细胞变化的结果　　D. 细胞分裂的结果

5. 作为监测空气污染程度的指示植物，苔藓植物具有如下哪些功能（　）。

A. 大多生活在潮湿的环境中

B. 根非常简单

C. 植株一般都很矮小

D. 叶只有一层细胞，容易受有毒气体侵入而生存受到威胁

6. 在影响沙漠植物的环境因素中，其中起主要作用的是（　）。

A. 阳光　B. 水分　C. 温度　D. 空气

7. 绿色开花植物体的构成是（　）。

A. 细胞→器官→组织→植物体

B. 组织→器官→细胞→植物体

C. 器官→组织→细胞→植物体

D. 细胞→组织→器官→植物体

8. 花的雌蕊是由（　）组成的。

A. 柱头、花柱、子房　B. 花药、花丝

C. 子房、胚珠　D. 柱头、子房

9. 支持花药的结构是（　）。

A. 花丝　B. 花柱　C. 花柄　D. 花粉

10. 同一株黄瓜的枝蔓上生有两种花，一种只有雄蕊，另一种只有雌蕊，则黄瓜是（　）。

A. 单性花、雌雄同株　B. 两性花、雌雄同株

C. 单性花、雌雄异株　D. 两性花、雌雄异株

11. 下列属于植物的生殖器官的是（　）。

A. 白菜　B. 萝卜　C. 大豆　D. 甘蔗

12. 下列属于植物营养器官的是（　）。

A. 萝卜　B. 花生　C. 苹果　D. 桃花

13. 下列不属于营养繁殖的是（　）。

A. 用根繁殖　B. 用种子繁殖

C. 用茎繁殖　　D. 用叶繁殖

14. 蕨类植物是一类低等植物，其主要理由是（　）。

A. 主要生活在水中　　B. 可进行光合作用

C. 植物体都很微小　　D. 无根、茎、叶的分化

15. 水绵、海带、衣藻、紫菜等植物，它们共同特点是（　）。

A. 都有根状体　　B. 都有叶状体

C. 都能固着在海底生活　　D. 都能释放氧气

16. 下列植物中属于苔藓植物的是（　）。

A. 地钱　　B. 水绵　　C. 衣藻　　D. 海带

17. 下列哪一种植物是我国一级保护蕨类植物（　）。

A. 银杉　　B. 珙桐　　C. 桫椤　　D. 水杉

18. 蕨类植物一般都比苔藓植物长得高大，其主要原因是下列哪个？（　）

A. 受精作用不受水的限制

B. 具有假根和真正的茎和叶

C. 具有根、茎、叶，具有输导组织和机械组织

D. 原叶体可以独立生活，并能产生雌、雄生殖细胞

19. 裸子植物和被子植物的共同特征是（　）。

A. 具有根、茎、叶、花、果实和种子

B. 花有两性花和单性花之分

C. 用种子繁殖后代，受精作用脱离了水的限制

D. 可通过风和昆虫传粉

20. 下列哪项不是被子植物所特有的特征（　）。

A. 受精过程不需要水

B. 受精方式为双受精

C. 种子外面有果皮包被着

D. 多数维管束内有导管

二、填空题

1. 植物组织就是由许多_____相似，_____、_____相同的细胞联合在一起而形成的。

2. 器官指的是由不同的_____按照一定_____联合起来，形成具有一定_____的结构。

3. 植物细胞由外向内依次是由_____、_____、_____和_____四个部分构成。

4. 根据植物的形态、结构和生活习性的不同，地球上的植物可分为四个类群：_____、_____、_____和_____。

5. 藻类植物大都生活在_____中，可分为两类：_____（如_____）和_____（如_____）。

6. 藻类植物的主要特征是：有_____细胞的和_____细胞的，结构都比较简单，都没有_____、_____、_____等器官的分化；细胞里含有_____，能够进行_____；大都生活在_____中。

7. 苔藓植物的主要特征：一般具有_____和_____，但里面没有_____组织；受精过程_____水，适于生活在_____的地方。

8. 蕨类植物的主要特征是：具有真正的根、茎、叶，而且根、茎、叶里有_____组织和比较发达的_____组织，所以植株比较高大；_____过程离不开水，所以适于生活在_____的环境中。

9. 松树的根系十分发达，能够吸收土壤_____的水分和无机盐。松叶呈____形，松叶的表皮细胞很_____，排列____，细胞壁很_____，气孔深深地陷入_____的下面，表皮外有角质层，所有这些特点有利于降低植物体的_____作用。

10. 裸子植物的主要特征：能够产生_____；胚珠是_____的，没有_____包被着，因此，种子是裸露的，没有果皮包被着；根、茎、叶都很发达，受精过程_____水，因而适于生活在干旱的地方。

11. 被子植物的主要特征：具有根、茎、叶、花、果实和种子，胚珠的外面有_____包被着，因此，种子的外面_____包被着，受精过程_____水，受精方式为_____；多数具有_____。

12. 绿色开花植物的植物体，依靠_____器官由小到大，依靠_____繁殖后代。

13. 单生花的花朵，一般比较____；组成花序的花，花朵一般____。

14. 进行异花传粉的植物，花粉传播主要依靠_____和_____。属于前者的花是_____花，属于后者的花是_____花。

三、问答题

1. 根据生物的进化规律，简述植物的进化过程。

2. 绿色开花植物是由哪些器官构成的？花有什么作用？

3. 裸子植物和被子植物的根本区别和联系是什么？

第四部分

品类繁多的动物进化历程

单枪匹马闯天下——单细胞的原生动物

生物小档案

中文名称：原生动物

所属类别：

出现年代：

分布区域：

主要特征：

当生命进化到真核细胞以后，便有了动物和植物之分。那么，最早的动物形态是怎么样的呢？

最早出现在地球上的动物，是单细胞动物，也是最低等的一类动物。

单细胞动物又称原生动物，它们体型微小，一般在250微米以下，需要在显微镜下才能看到。原生动物既可以生活在水里、土里，也可以生活在动植物体内。它们有的已经灭绝，有的一直生存至今。

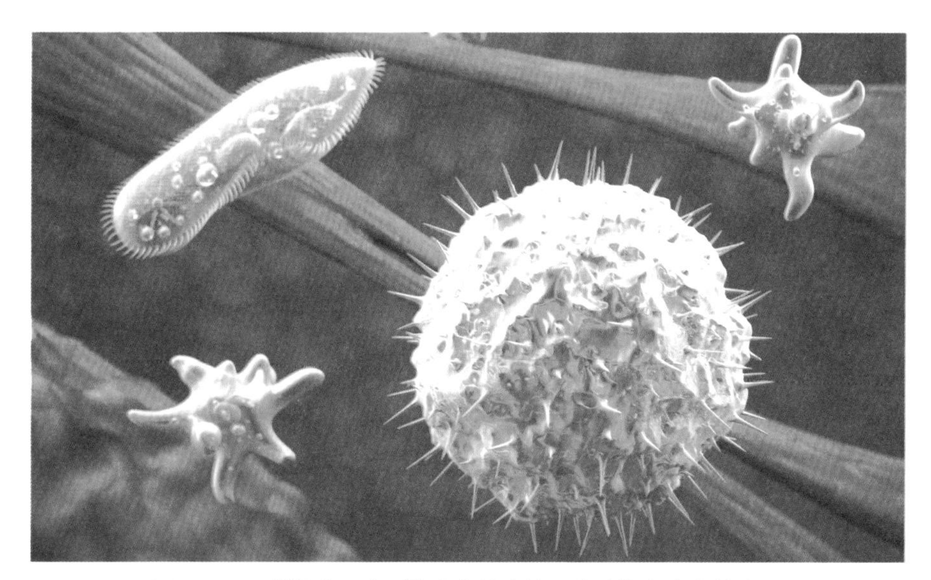

图4-1　显微镜中观察到的狗身体中的原生动物寄生虫放大图

根据运动“器官”的有无，可以将原生动物划分为鞭毛虫纲、纤毛虫纲、孢子虫纲和肉足纲。目前，比较常见的原生动物的代表有：有孔虫和纺锤虫。

1. 有孔虫

有孔虫体内分泌的黏液会粘住沙粒，在体外形成一个硬壳。壳口伸出许多丝状的肉足，生物学上称为伪足，其形状是可以变化的。当触到一块食物时，伪足就将其包围住并送进“口”吃掉。此外，伪足还能排出废物，使虫体移动。

有孔虫通常有两种生殖方式，即无性生殖和有性生殖。在发育过程中这两种方式交替进行，即世代交替。无性生殖指的是由成熟的分裂生殖体（简称裂殖体）向外放出大量的配子体，配子体成熟后又大量放出许多新的带鞭毛、能游动的配子。这其中两个配子形成合子就是有性生殖，合子再发育长大成为新的裂殖体。

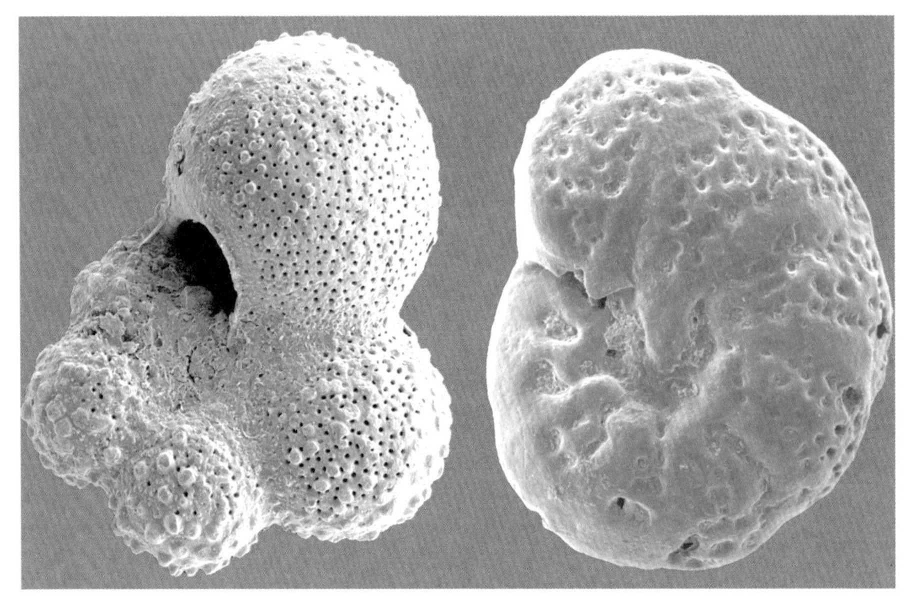

图4-2 有孔虫化石

在进化的历程中，有孔虫出现过几次繁盛时期，尤其在白垩纪时期出现了能游的有孔虫等种类，成为地质学家划分、对比白垩纪海相地层（地理学术语，指的是在地层中由海洋状况形成的地层）的重要依据。同时，白垩纪时期有孔虫的数量十分惊人，因此该时期由有孔虫形成的岩石十分常见。

2. 纺锤虫

纺锤虫，生活在2亿年前，是一种已经灭绝的动物，曾经生活在热带或亚热带地区大约100米深的海底。因为纺锤虫的外形呈纺锤形，所以这就是其名字的由来。它的壳体是钙质硬壳，且随虫子的长大不断增多和增大。从发现的化石来看，最小的纺锤虫不足1毫米，而大者可达20～30毫米，大部分体长4～6毫米。

生物学家通过化石研究发现，纺锤虫最早出现在早石炭纪晚期，二叠纪早期极盛，数量丰富，种类繁多，构造也变得相当复杂。但是，到了二叠纪末期纺锤虫全部灭绝了。

图4-3　纺锤虫化石

以上介绍的有孔虫和纺锤虫的化石因体形微小，在化石界中被称为微体化石。

遥想那个地层年代，像有孔虫、纺锤虫等原生动物们从微生物细菌那里接收了进化的使命，经过漫长的岁月，将进化的接力棒“传”给了多细胞动物后，又“护送”它们到了古生代，有的种类还一直生存至今，真的算是动物进化历史进程中的开拓者。

科普知识窗

原生动物和后生动物是相对存在的

和单细胞的原生动物不同，后生动物通常指的是动物界除原生动物门以外的所有多细胞动物门类的总称。根据体腔的有无和结构的不同，可将后生动物分为无体腔动物、假体腔动物和体腔动物。

从单细胞动物进化为二胚层动物

生物小档案

中文名称：二胚层动物

所属类别：

出现年代：

分布区域：

主要特征：

当单细胞动物出现了一阵子之后，进化的脚步不曾停止，于是生命进化自然就向多细胞类型发展了。

那么，最原始的、最低级的多细胞动物有哪些，它们又是怎样由单细胞进化来的呢？

最原始的多细胞动物是二胚层动物，它们身体是由两层细胞组成的，外面一层称皮层，里面一层称胃层（它位于体壁内面）。

二胚层动物分为三个门，即海绵动物门、古杯动物门和腔肠动物门。

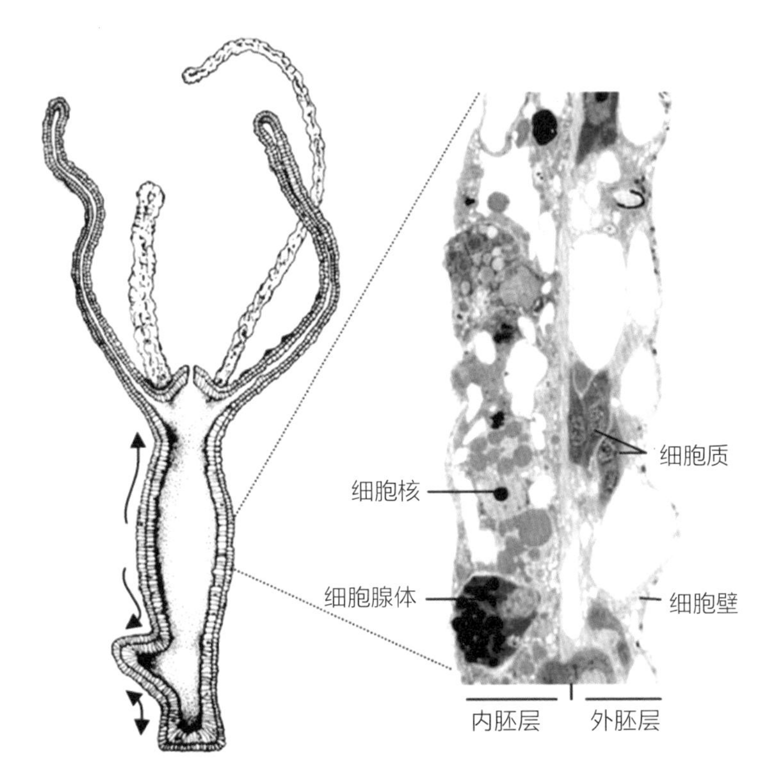

图4-4　二胚层动物细胞结构示意图

现在简单介绍一下这三门动物的基本特征及其分别所属的化石代表。

1. 海绵动物

海绵动物最早出现于距今6亿年前的寒武纪，并一直延续至今。海绵动物的细胞结构虽分化为二层，但无器官和组织。海绵动物的体壁多，也为入水孔，体腔是空的，上端开口为出水口，水从入水孔进入体内，海绵吸收水中有机质后再由出口将水排出体外。

海绵动物大多过着群体生活，彼此用胶质连接，生活在海底，专家称为底栖生物。海绵造岩的能力很弱，这与它体内不保存无机质，如硅、钙等元素有关。

图4-5　海绵动物

2. 古杯动物

生物学家研究发现，古杯动物从早寒武纪时期开始出现，到了中寒武纪时期就灭绝了。古杯动物属于海底动物，外形如同酒杯，其生活方式和新陈代谢作用基本与海绵动物相同。由于古杯动物是个体动物，一般生活在蓝绿藻当中，最适宜的生长环境是在水深20～30 米的海底。它们不能在海水浑浊的地方生长，故不能用来作为划分对比地层的标准化石。

3. 腔肠动物

尽管腔肠动物也属于二胚层动物，但要比海绵动物和古杯动物高等，已经有了神经细胞和原始肌肉细胞的分工，同时还具有消化腔，所以人们称它为腔肠动物。它的身体多为辐射对称，在消化腔口处有一圈或多圈触手。腔肠动物的主要代表动物是珊瑚虫。

珊瑚虫身体呈圆筒状，有8个或8个以上的触手，触手中央有口。因为珊瑚多群居，常结合成一个群体，形状像树枝，故看起来像植物。珊瑚的触手上的刺细胞能反射出有毒的刺丝。珊瑚虫非常娇气，对生活条件要求比较高，生存的水温不能低于18℃，也不能高于36℃；水质要清澈透明，以保证光照充足。

图4-6　群居的珊瑚虫

作为不会移动的腔肠动物，珊瑚虫是怎样觅食的呢？觅食时珊瑚虫的触手伸向四面八方，触手上生着很多有毒的刺细胞和黏液。当水流把猎物（如浮游动物）带到它面前时，这些触手就迅速把猎物粘住，刺细胞放出毒液把猎物麻醉，然后送入消化腔消化吸收。

从以上这三门动物的特征来看，尽管它们都是二胚层动物，但此后出现的更高级的动物中没有哪一类是海绵动物进化来的。加上古杯动物也已灭绝，因此生命向更高等级的进化任务就落在了腔肠动物身上。

科普知识窗

海绵动物属于侧生动物

尽管海绵动物属于二胚层动物，但在胚胎发育中，海绵动物表现为小细胞内陷并形成内层细胞，大细胞留在外面形成外层细胞，这与其他多细胞动物胚胎发育恰好相反。加上后来更高级的动物中没有哪一类是由海绵动物分化来的，说明这类动物在生物进化过程中只是一个侧支，因此又称侧生动物。

进化史上的大飞跃——多细胞动物之三胚层动物

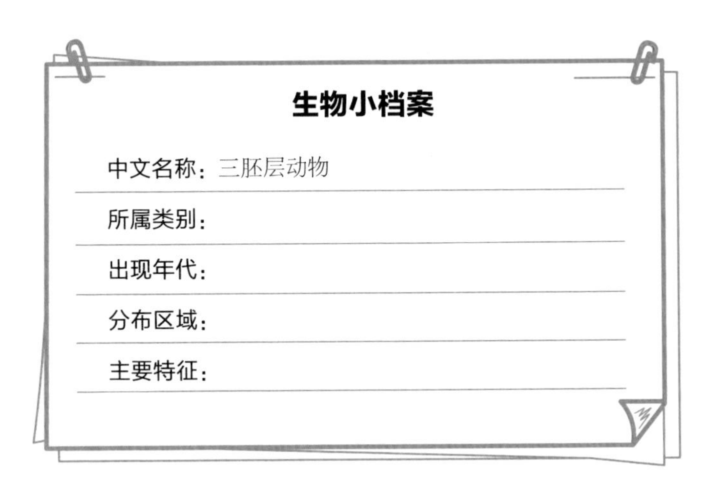

当动物进化的脚步来到奥陶纪时，三胚层动物出现了。那么，三胚层动物有新的结构变化吗？原来在二胚层动物的外壁和内壁细胞层之间又分化出一层细胞——中胚层，这就出现了三胚层动物。

有人可能会说，不就是进化出了一层新细胞吗？然而，不要小看中胚层的产生，它在动物进化发展史上是一次巨大的飞跃。

中胚层的进化为多细胞动物机体各组织器官的形成、分化和完备，提供了必要的物质基础。同时，中胚层细胞不仅有再生能力，由中胚层形成的实质组织还有储藏水分和养分的功能，大大提高了动物对干旱和饥饿的适应能力，为动物摆脱水中生活，进入陆地环境提供了必要的物质条件。

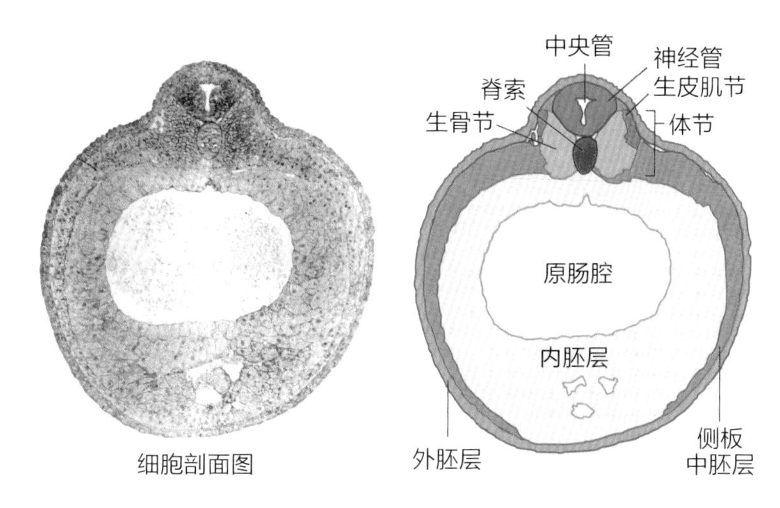

图4-7　中胚层进化后，细胞的结构示意图

三胚层动物出现后，动物的进化分成了两支，一支是原口动物，另一支是后口动物。原口动物指的是胚胎时期的胚孔（原口）发育成动物的口，肛门是在相对的一侧开口形成的动物；后口动物指的是，胚胎时期的原口发育成动物的肛门或封闭，而相对的一侧形成新的开口，且发育为动物的口的动物。

后口动物是进化的主线，从原始的后口动物中进化出了神经系统得到充分发展的脊椎动物，最后又在脊椎动物中发展出了我们人类。

原口动物虽不是动物进化的主干，但它也分化出了许多门类，且数量众多。以陆地动物为例，除脊椎动物以外，所有动物都是原口类的，如大家熟悉的蟋蟀、蚯蚓、蜻蜓、蝉、蜘蛛等。

图4-8　原口动物代表——蟋蟀（上）、蜻蜓（下）

原口动物和后口动物虽然如今看来差别极大，但是直到现在仍然有很多共同特征。具体来讲就是，无论是原口动物还是后口动物，都是三胚层动物，都有如下特征：

1. 身体分节

仔细看看昆虫，就会发现它们的身体是由形状、结构大体相同的体节组成（即同律分节），蚯蚓和蚕就是典型的代表。身体分节增加了动物的灵活性，更能行动自如，增强了对环境的适应性，此外，同律分节又为后来进化的异律分节（身体分成头、胸、腹三部分）奠定了基础。

2. 最原始的附肢

除了出现体节，三胚层动物的腹部皮肤突起形成了疣足，其上有硬毛，每节一对，是附肢出现的最原始形式。附肢的出现是动物运动能力增强的产物。它的产生又加强了动物的爬行和游泳功能，为扩大动物的生活领域提供了必要条件。

3. 出现体腔

体腔是指中胚层分离出的脏壁和体壁之间形成的空腔。体腔的出现增进了机体的灵活性，并使它们具有运动的可能性，如肠子的蠕动、心脏的跳动等，因而大大提高了新陈代谢能力，是动物运动进化过程中的一大进步。

在原口动物和后口动物分化过程中，还出现了一类中间动物，它们某些特征像原口动物，但它们的体腔形成方式却与后口动物相同。这类过渡动物主要指的是苔藓动物和腕足动物。

科普知识窗

高等脊椎动物三个胚层可进一步分化

外胚层：分化形成神经系统、感觉器官的感觉上皮、表皮及其衍生物、消化管两端的上皮等。

中胚层：分化形成肌肉、骨骼、真皮、循环系统、排泄系统、生殖器官、体腔膜及系膜等。

内胚层：分化形成消化管中段的上皮、消化腺，呼吸管的上皮、肺、膀胱、尿道和附属腺的上皮等。

节肢动物的原始代表——三叶虫

生物小档案

中文名称：三叶虫

所属类别：

出现年代：

分布区域：

主要特征：

在地球诞生的早期，地球上到处是海洋，只在海洋里有一些低等的动物。这些动物的身体构造都十分简单：有节肢，大多有坚硬的外壳。其中有我们熟悉的三叶虫。

三叶虫是一种2亿多年前就已灭绝了的节肢动物。

在古生代的寒武纪早期，三叶虫的种类、数量十分丰富，因此古生物学家和生物学家都认为三叶虫的祖先在寒武纪前就已存在，但它们都没有坚固的硬壳，因此没有找到化石。

寒武纪是三叶虫发展的一个繁盛期。奥陶纪时，古老的三叶虫种类灭绝了，新的种类兴起，成为三叶虫第二个繁盛期；从志留纪到二叠纪，由于肉食性动物大量出现，三叶虫为这些动物的出现提供了丰富的食物，因此它们急剧衰退并最终绝灭。

三叶虫的外形很像虾和蝉，属节肢动物门。从纵向看，三叶虫可分头、胸、尾三段；从横向看，其身体又可分左、中、右三份（中间是轴部，两边为侧叶），故名“三叶虫”。

三叶虫背上有背甲，其成分为磷酸钙和碳酸钙，质地坚硬，是地质史上最早大量形成化石的动物门类。三叶虫的身长一般在3～10 厘米，但小者不足6毫米，最大长达75厘米。

三叶虫为雌雄异体，卵生。三叶虫经常与腕足动物、海百合、珊瑚虫、头足动物等一起生活（共生）。因此，在发现三叶虫化石的同时同地，也往往能发现上述几种动物的化石。

4-9　腕足动物

图4-10　海百合

图4-11　鹦鹉螺

三叶虫适宜于爬行，是海底生活的动物，它以原生动物、海绵、腔肠、腕足等动物的尸体，或海藻及其他细小的植物为食。后来，由于海中出现了大量肉食动物，如鹦鹉螺、原始鱼类等威胁到它的生存，于是三叶虫的尾甲增大了，提高了游泳速度，同时头尾能够嵌合使整个身体蜷曲成球形，以保护柔软的腹部，并可迅速跌落或潜伏海底以逃避敌人的进攻。

科普知识窗

我国是世界上产三叶虫最丰富的国家之一

我国早在明朝崇祯年间就在山东泰安发现了三叶虫化石，并且研究三叶虫的时间早、程度深。仅寒武纪时期就划分出29个三叶虫生长带，为亚洲提供了标准地层剖面，并为世界性的生物地理区域划分提供了重要依据。

脊索动物的起源和进化

脊索动物就是脊椎动物吗？它们之间存在什么关联吗？脊索动物是怎么进化来的呢？

脊索动物是动物界最高等的一类，也是种类相当丰富的一个门。它包括低等的脊索动物，如文昌鱼、海鞘等，以及较高等的脊索动物，如鱼、蛙、龟、鸟、牛、猿猴、人类等。

脊索动物门的动物最主要的特点是具有脊索。那么什么是脊索呢？脊索是位于身体背部起支撑作用的、一条有弹性且不分节的轴索。高等动物的脊索只在胚胎期存在，胚胎期后由周围结缔组织硬化成的脊椎所代替。

脊索动物门中的动物，根据其脊索、神经管、鳃裂的特点以及形态特征，可分为四个亚门：半索亚门、尾索亚门、头索亚门和脊椎亚门。这四个亚门中仅有脊椎亚门是进化的主干，其余三个亚门是在向脊索进化途中生出的旁支。

1. 半索亚门

半索动物又称口索动物，是由无脊索向有脊索转变的一种过渡型动物，这类动物全部是海生的，现在还活着的动物代表是柱头虫，化石代表是笔石。

图4-12 笔石

笔石是已经灭绝了的群体海生动物，由于它的化石印迹像用铅笔在石面上画下的图案、文字和符号，故得此名。笔石化石在全世界各洲均有发现。笔石群体的外形粗看起来像珊瑚和苔藓虫，由许多个体聚集在一起，建造共同的外骨骼，即使是专家，稍不留神也会将其误认成苔藓动物。因此，确认笔石是半索动物，也还是近几十年才明确的。

2. 尾索亚门

尾索动物比半索动物的脊索长一些，但它已不会游泳，无法主动觅食，只有斜插在沙滩中等食物自动送上门来。海边渔民和海滨游泳地出售的海鞘，就是尾索动物的代表。

图4-13 海鞘

3. 头索亚门

身体像鱼但无真正的头，身上有一条纵贯全身的脊索，背侧有神经管，咽部有许多条鳃裂。比起半索动物、尾索动物，头索动物的构造和特征要进步许多。头索动物的代表动物是文昌鱼。

4. 脊椎亚门

脊椎亚门，是脊索动物的一个亚门。这一类动物有脊椎骨，一般体形左右对称，全身分为头、躯干、尾三个部分，有比较完善的感觉器官、运动器官和神经系统。脊椎动物主要类别有鱼类、两栖动物、爬行动物、鸟类和哺乳动物等五大类，因此脊椎动物的代表动物很多，且形态和习性也各异。

科普知识窗

脊椎动物与无脊椎动物相对

通常，脊椎动物以它的脊椎连接组成的脊柱而得名，而无脊椎动物是指背侧没脊椎的动物，包括原生动物、棘皮动物等。因此，通常脊椎动物与无脊椎动物是相对存在的。

登陆——动物了不起的壮举

生物小档案

中文名称：

所属类别：

出现年代：

分布区域：

主要特征：

海洋里的动物是如何登上陆地的呢？又是什么力量促使这些在水中生活得好好的动物向岸上进军的呢？

在距今约4亿年前的泥盆纪时期，是鱼类的繁盛时代。然而，在这一时期，世界各地海陆分布发生了巨大的变化，许多地区经过造山运动和造陆运动，大陆面积增加，水域面积减少，气候变得干燥炎热，生活在淡水中的鱼类常常面临河川断流、湖沼枯竭的困境，多数逐渐绝灭了。

在当时的情况下，少数种类通过自然选择产生了两种适应方式。一是由陆地水域迁居海中；二是体内长出了“肺脏”，必要时可代替鳃来呼吸。

由盾皮鱼类的一支演变而来的早期软骨鱼类，采用了第一种适应方式。而早期的硬骨鱼类，则采用了第二种适应方式。

图4-14　盾皮鱼化石

图4-15　软骨鱼复原图

从水到陆，对动物来说，是一个巨大的变化，比植物登陆要艰难得多，因为它们必须解决两个重大问题，一是支撑躯体运动，二是可以在空气中呼吸。

同时，生物学家研究发现，两侧对称体制及中胚层的出现，是动物由水生进化到陆生的基本条件之一。两侧对称体制，只有一个对称面将动物分成左右相等的两部分，使动物身体有前后、左右、背腹之分，产生了能运动的附肢，先是进入水底爬行生活，进而进化到随地爬行。同时，两侧对称使得动物的外形产生了极大变化，感觉器官集中在前端，使动物的运动具有了方向性。加上运动器官集中在腹面，而身体背面色素细胞的增加，阻挡阳光对细胞的灼伤。

中胚层的产生减轻了内外胚层的负担。特别是肌肉的出现，更增加了身体的运动能力，使得动物登陆后的运动机能得到增强。登陆之后，在陆地上生活的无脊椎动物发展出了各种用于空气中呼吸的结构，如用体表（水蚤）、书肺（蜘蛛）、气管（昆虫）等进行呼吸，这是无脊椎动物由水生向陆生进化过程中发展出的各种呼吸器官。

图4-16　用特殊呼吸器官呼吸的动物代表：蜘蛛

陆生脊椎动物由鱼类进化而来，鱼类在水中用鳃呼吸，水的密度大，鱼可以浮在水中，用鳍游泳。但上岸后，只有呼吸空气中的氧，而且自己必须用四肢支撑躯体。总鳍鱼类由于发展出了鳔，能帮助呼吸，而且其偶鳍具有强壮的肌肉和类似陆生脊椎动物四肢的骨骼结构因而才成功地登陆了。

有一些陆生动物在进化过程中，又返回水中生活，成为适宜水中生活的动物，如两栖动物中的大鲵、鳗螈等，我们把这种适应称为次生性适应，如爬行动物中的鳖和海龟等，哺乳动物中的鲸类、海豹等。

科普知识窗

登陆上岸后，两栖动物为什么没有成为进化的主流？

两栖类主要繁盛在二叠纪和三叠纪时期，虽然当时爬行类已开始出现，但还未在数量上占据优势。因此古生代末至中生代初这段时间是两栖类的天下。但好景不长，三叠纪时期的气候使得爬行类比两栖类更适应陆地的生存环境，并在三叠纪末期取代了两栖类成了进化的主流。

两栖动物的祖先——总鳍鱼类

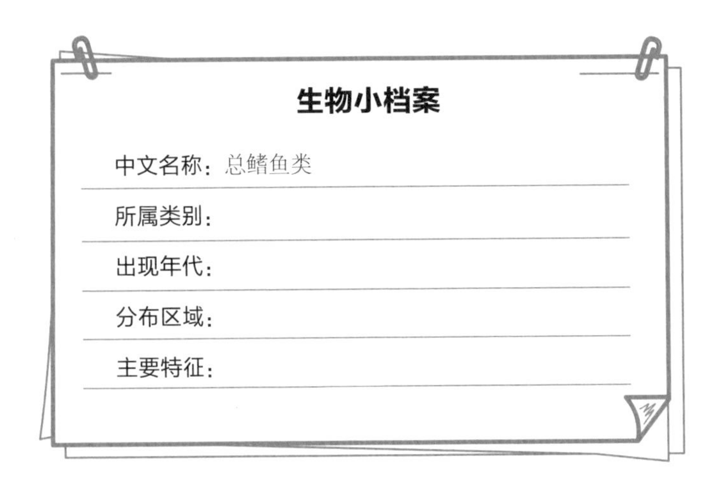

说到两栖动物，我们可能首先会想到青蛙，那么有没有想过青蛙是由什么进化来的呢？也就是说，两栖动物的祖先是什么呢？一般认为，两栖动物的祖先是总鳍鱼。

经生物学家考证，总鳍鱼是两栖动物的祖先。既然是两栖动物的祖先，那么总鳍鱼是怎样进化成如今的两栖动物的呢？

在当时的地质条件下，河流、湖泊总是在不断变化的。比如，河流改道时，道就形成了湖；河流除了向湖内注水外还注入泥沙，最终将湖填满形成沼泽；湖边的蕨类植物质地疏松，死亡后往往会进入湖泊后腐烂，使水浊化，氧气不足。

在这些不利因素的作用下，骨鳞鱼（总鳍鱼的一个分支）尝试着把头探出水面，利用简单的肺呼吸新鲜空气。

当湖泊成为沼泽无法生存其中时，它需要靠鳍的支撑爬行到另外的水塘中去，在水中食物缺乏时也要靠鳍爬上岸吃一些植物以活下去。由于不停地进行这种锻炼，骨鳞鱼终于发展成为能够自由上岸活动的动物，身体结构也发生了很大的变化。

图4-17　总鳍鱼

作为总鳍鱼的一个主流分支的代表——骨鳞鱼，其身上已经可以看出一些早期两栖类动物的“影子”了。

生物学家研究出现，骨鳞鱼的头骨和上下颌完全是硬骨质的，而且许多骨块的成分、位置和形状都与早期的两栖类相似。

骨鳞鱼的牙齿是“迷齿型”的。也就是说，在显微镜下观察骨鳞鱼的牙齿横切面时，可以发现它的釉质层褶皱得很厉害，由此形成的图案像迷宫一样。而早期的陆生两栖动物的牙齿也是这种迷齿型的，这为骨鳞鱼是早期两栖类的祖先提供了证据。

图4-18　骨鳞鱼化石

更重要的是，骨鳞鱼偶鳍内部的骨骼结构，以及各个骨块的结构、位置和形状，甚至骨块之间的关节都与早期的两栖动物非常相似。

像总鳍鱼这样的两栖类祖先，虽然等级优于鱼类，但还保留了很多原始特性。比如，两栖动物产卵仍然要在水中孵化，幼体出生后也要在水中生活一段时间，即便是成体也不能长期待在干燥无水的地方，需要不时地进入水中湿润皮肤，起辅助的呼吸作用，因此两栖动物并不能算是真正的陆生动物，而是从水生向陆生过渡的一个类群。

两栖动物的皮肤往往又湿又黏，幼体时用鳃呼吸，成年后鳃就消失了，用肺呼吸。由于成年两栖动物的肺很小，需要用潮湿的皮肤来进行辅助呼吸。通常，水生植物、昆虫或小动物是它们的食物。青蛙、蟾蜍，蝾螈及大鲵都是两栖动物的典型代表。

大鲵是最大的两栖动物

大鲵，又叫娃娃鱼，但并不属于鱼类，而是一种古老而原始的低等、由水生到陆生过渡的典型两栖动物。之所以被称作大鲵，是因为它是我国28种两栖类有尾目动物中个体最大的一种。大鲵是环境生物指标，在研究物种进化方面有很高的科研价值。此外，大鲵还是生物活化石，因为在三四亿年以前世界各地都有大鲵。

恐龙——爬行类中的大块头

生物小档案

中文名称：恐龙

所属类别：

出现年代：

分布区域：

主要特征：

当进化的脚步从水生过渡到陆生时，动物家族的另一个重要类群——爬行动物就要闪亮登场了。

虽然如今已经不再是爬行动物的天下了，但是爬行动物仍然是非常繁盛的一个类群，在陆地脊椎动物中，其种类仅次于鸟类，排在第二位。

爬行动物的主要特征是：卵生，有羊膜卵，体温不稳定，皮肤较干燥，身体表面有鳞片或甲板，骨骼也具有一系列适应陆地生活的特征。指趾有爪，有利于陆地爬行和攀援。常见的鳄鱼、龟、蛇、蜥蜴，以及灭绝的恐龙，均属爬行动物。

这里重点介绍一下爬行动物家族中的典型代表——恐龙。以恐龙为代表的中生代爬行类是整个地球生物史上最引人注目的一个类群。那个时代，爬行动物不仅是陆地的绝对统治者，还统治着海洋和天空，地球上没有任何一类其他生物有过如此辉煌的历史。所以中生代又被称为“爬行动物时代”。

恐龙家族成员庞杂，长相奇特，它们之间的形态差别很大。接下来我们筛选一些比较常见的恐龙种类推荐给大家。

1. 三角龙

三角龙是一种中等大小的四足恐龙，身体全长约9米，重达6~12吨。三角龙的鼻子上有一只角，像犀牛；眼睛上方有两只额角，又像牛，因此取名“三角龙”。三角龙的头颅很大，是所有陆地动物中最大之一。

图4-19 三角龙

2. 副栉龙

它的头上长着一个引人注目的管，空气经过时就会发出低沉的声音，可以用来吓跑敌人。有人认为，那是它们在潜水时用来通气用的。

的皮肤非常坚硬，像铠甲一般。副栉龙可以用二足或四足的方式行走。它最显著的特点是头顶上的冠饰。

图4-20　副栉龙

3. 霸王龙

霸王龙是肉食性恐龙中体形最大，也是最残暴的一种。霸王龙大约出现于恐龙时代的最末期，距离现在大约8 000万年前。霸王龙的身体高达14米，体重大约10吨，它的后脚十分粗大强壮，因此是恐龙时代恐龙中的霸王。

图4-21 霸王龙

此外，比较常见的恐龙类型还有雷龙、剑龙等。雷龙的体重在35～50吨，可以说是地球有史以来最大的动物；行动缓慢的剑龙最大的特征就是，背部耸起的两排骨板，以及尾巴上的尖棘，这是它躲避肉食性恐龙最好的防卫。

然而，恐龙是如何灭绝的呢？恐龙灭绝的时间大约在距今6 500万年前。关于恐龙灭绝的真正原因，较为公认的说法是陨石碰撞说，即陨石撞击地球产生了铺天盖地的灰尘，使得地层中出现了高浓度的铱，加上极地积雪融化，植物毁灭，火山灰也充满天空，恐龙也跟着灭绝了。

科普知识窗

恐龙灭绝的其他原因

关于恐龙灭绝的原因，还有其他说法，如造山运动说、火山爆发说、海洋潮退说、温血动物说、物种的老化说等。

始祖鸟——侏罗纪晚期的鸟类祖先

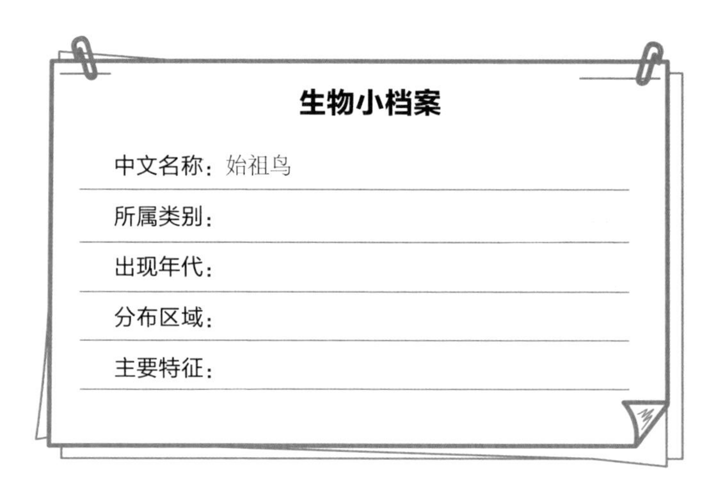

当我们看到户外的鸟类，如小麻雀、小喜鹊时，有没有想过这些鸟类的祖先长得什么样子？它们又是怎样进化来的呢？

据古生物学家的研究，鸟类从爬行动物时代就开始从脊椎动物中分化了。通常，人们认为，鸟类的祖先是一类尚未特化的爬行动物始祖鸟。

1951年，生物学家在德国巴伐利亚州的索尔恩霍芬的采石场发现了一具年代最为古老的鸟类化石。这具化石不仅骨骼保存较完整，而且还有羽毛的痕迹。经研究得知这是一种生活在大约1.4亿年前的鸟。专家们把它命名为“始祖鸟”，意思是鸟类的祖先。

那么，鸟类的祖先始祖鸟有哪些特征呢？

在三叠纪时期，爬行动物刚刚兴起，在此演化主干上有一种爬行动物想靠自身的力量离开陆地，像昆虫一样在空中飞翔，就必须长出一双翅膀来。因此，这类爬行动物在前肢变翅膀的进化过程中又分化出来两支，一支是皮质翼，另一支是羽毛翼。皮质翼的代表动物是翼龙，而羽毛翼的代表动物便是始祖鸟。

图4-22　始祖鸟化石

图4-23　始祖鸟复原图

从外形上看，始祖鸟是一种半鸟半爬行动物。它的大小和乌鸦差不多，长着多节尾椎骨构成的长尾，嘴里长有牙齿，翅膀的前端残留着爪子。如果不是生物学家同时找到它的羽印痕，很可能把它鉴定为爬行动物。

从生物进化的角度来说，始祖鸟是爬行动物和鸟类之间的中间类型。因为始祖鸟除了有爬行动物的一些特征之外，它的骨骼没有气窝；三根掌骨没有愈合成腕掌骨；肋骨较细，无钩状突起。这些特征比如今的鸟类的构造要落后和原始一些。

但始祖鸟也有鸟类的一些特征，如有羽毛，体温恒定。第三根掌骨已与腕骨愈合，第一掌骨及第二掌骨则未愈合。因此，人们认为，这是后来的鸟类掌骨都愈合成腕掌骨的开始。

但是，从始祖鸟保留下来的一系列与爬行动物相似的特征可以看出，它适宜于飞行的各方面构造还很不完善，所以专家推测它只能在低空滑翔。

科普知识窗

为什么如今的鸟类没有四个翅膀?

在始祖鸟向鸟类进化的过程中，进化出的两只翅膀已经能满足飞行的需求了，它们为了更适应空中飞行，剩下的两条腿就解放出来用作其他用途，如行走、攀登或是游泳。

动物中的佼佼者——哺乳动物

生物小档案

中文名称：哺乳动物

所属类别：

出现年代：

分布区域：

主要特征：

哺乳动物是在什么地质时代首次出现的呢？它们又是怎样进化来的呢？

一般认为，哺乳动物起源于爬行动物。生物学家研究发现，在三叠纪时期有一类爬行动物比其他爬行动物头骨片数要少、牙齿高度分化、已能够直立行走，因此专家推测在三叠纪时期就有了哺乳动物的存在。

中生代末期的那次生物大灭绝，意外地给这类由爬行动物特化来的哺乳动物迅速进化和发展创造了绝好的机会。灾变后的一切外在条件都不再利于爬行动物的发展，而是让哺乳动物占据了主导地位。新生代时，陆地的面积进一步扩大，更为哺乳类的发展提供了便利条件，它们以高层次的进化开始在陆地定居并繁衍开来。

这期间，鸭嘴兽就是哺乳动物的典型代表。鸭嘴兽是现存最原始的哺乳动物。它的大小像兔子，体形肥扁，长着像鸭子嘴似的角质喙，四肢有蹼，有耳孔，无外耳，在水中耳孔会自行关闭。后脚上有一根中空的“毒距”，能分泌毒液，用以攻击对手。

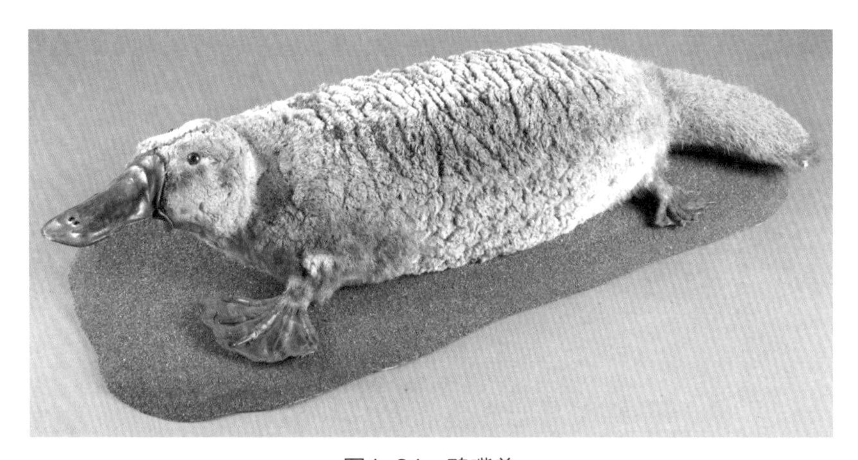

图4-24 鸭嘴兽

像鸭嘴兽这种既像爬行动物又以哺乳来养育后代的哺乳动物，在动物起源进化历程中具有特殊的身份，被认为是爬行类向哺乳类进化的过渡动物。

总的来说，哺乳动物是脊椎动物中最高等的一类。同时，哺乳动物的进化有了喜人的进步，也有了显著的特征：

1. 牙齿有了分化，口腔中的牙齿也有明确的分工，如负责咀嚼的臼齿和前臼齿等，切断食物的门齿，撕裂、进攻用的犬齿等。

2. 听觉更灵敏了，由一块耳骨发展出了三块听骨。

3. 成年后身体基本停止了生长，对环境的需求不再增多，如不必因体形的增大而频繁更换巢穴，对食物维持在一个常量上。

4. 体温相对比较恒定，使得新陈代谢比较稳定，加上体表有毛发进行保温、隔热，提高了环境适应力。

5. 胎生、分泌乳汁和哺乳幼仔等特征，使得它们在对后代的照顾上进化了一大步，提高了繁殖后代的能力，使后代的成活率大大提高。

图4-25 鸭嘴兽幼仔时期

6. 骨骼结构比爬行动物更为紧凑和坚固，头骨上的各骨片已连接成完整的颅骨，骨片的减少或愈合导致了颅腔的扩大，脑容量随之增多，因此，哺乳类比爬行类“聪明”。

了解生物的适应辐射

生物在适应环境变化的同时，身体结构继续分化，相应地会产生各种形状，生物学中管这种现象叫适应辐射。通常，适应辐射常发生在开拓新的生活环境时。为了“适者生存”，于是种群向多个方向进军，分别适应不同的生态条件，有的上山，有的入水，有的住到阴湿之处，有的进入无光照的地下等。最终在不同环境条件选择之下，终于发展成不同的新物种。

★★本部分生物知识小测验

一、单项选择题

1. 动物界中最原始、最低等的动物是（　）。

A. 原生动物　　B. 腔肠动物

C. 扁形动物　　D. 线形动物

2. 草履虫的细胞和植物相比，不具有（　）。

A. 细胞壁　　B. 细胞膜

C. 细胞质　　D. 细胞核

3. 下列关于水螅的叙述中不正确的是（　）。

A. 水螅是低等的多细胞动物

B. 水螅是一种不能自由运动的动物

C. 水螅有口、无肛门

D. 水螅是有初步细胞分化、形成组织的动物

4. 腔肠动物中，可制成工艺品供人观赏的是（　）。

A. 水螅　B. 海蜇　C. 红珊瑚　D. 柳珊瑚

5. 在海岛的四周或海边堆积，逐渐形成的珊瑚礁、珊瑚岛，是珊瑚的（　）。

A. 排泄物　　B. 石灰质的骨骼

C. 软组织　　D. 珊瑚

6. 蚯蚓属于下列哪一动物门类（　）。

A. 扁形动物门　　B. 线形动物门

C. 环节动物门　　D. 软体动物门

7. 蝗虫的下列身体结构中，具有触觉和嗅觉作用的器官是（　）。

A. 前翅　B. 复眼　C. 口器　D. 触角

8. 鱼的呼吸器官是（　）。

A. 鳃　B. 侧线　C. 鱼鳔　D. 肺

9. 鳃的主要部分内密布毛细血管的结构是（　）。

A. 鳃盖　B. 鳃弓　C. 鳃丝　D. 鳃耙

10. 从循环系统来看，蝌蚪与鱼类的共同点是（　）。

A. 一心房一心室，一条循环路线

B. 一心房一心室，两条循环路线

C. 两心房一心室，一条循环路线

D. 两心房一心室，两条循环路线

11. 青蛙是（　）。

A. 体外受精，变态发育　B. 体外受精，直接发育

C. 体内受精，变态发育　D. 体内受精，直接发育

12. 属于真正陆生脊椎动物的类群是（　）。

A. 鱼纲　B. 两栖纲　C. 爬行纲　D. 昆虫纲

13. 在下列动物中，属于国家一级保护动物的是（　）。

A. 大鲵　B. 蛇　C. 龟　D. 大熊猫

14. 完全用肺进行呼吸的动物是（　）。

A. 蜥蜴和蝾螈　　B. 大鲵和蚕蛹

C. 壁虎和蜥蜴　　D. 壁虎和青蛙

15. 我国特有的濒临灭绝的爬行动物是（　）。

A. 大鲵　B. 扬子鳄　C. 蜥蜴　D. 蛇

16. 在鸡蛋的卵黄上有一个小白点，是（　）。

A. 细胞核　B. 胚盘　C. 卵细胞　D. 卵白

17. 下列哺乳动物中，母兽无胎盘，幼兽在母体内不能充分发育就生出来的是（　）。

A. 鸭嘴兽　B. 鲸　C. 家鼠　D. 袋鼠

18. 下列动物中属于哺乳动物的是（　）。

A. 娃娃鱼　B. 鲸鱼　C. 章鱼　D. 鱿色

19. 下列几种我国持有的珍稀动物中，不属于哺乳动物的是（　）。

A. 大熊猫　B. 金丝猴　C. 白鳖豚　D. 扬子鳄

二、填空题

1. 原生动物的主要特征是：_____、_____、_____。所以原生动物又叫_____动物。

2. 动物分为两大类：一类是_____动物，另一类是_____动物。

3. 腔肠动物的主要特征是：生活在水中，体壁由_____、_____和_____构成；体内有_____，有_____无_____。

4. 节肢动物门可分为_____、_____、_____、_____四个纲，其中最大的一纲是_____。

5. 节肢动物门的主要特征是：身体由许多_____构成，并且_____；体表都有_____；_____分节。

6. 身体背部有由脊椎骨组成的脊椎的动物，属于_____动物。其主要类群有_____、_____、_____、_____、_____。

7. 两栖动物的主要特征是：_____发育，幼体生活在_____，用_____呼吸；成体大多生活在陆地上，用_____呼吸；皮肤_____，能分泌_____，有_____的作用；心脏有_____；体温_____。

8. 爬行动物的主要特征是：体表覆盖着_____；用_____呼吸；心室里有_____；_____受精；卵外有坚韧的卵壳；体温_____。

9. 鸟类的主要特征是：_____，_____，_____，_____，心脏分为四腔；用肺呼吸，并且有气囊辅助呼吸；_____；生殖为卵生。

10. 哺乳动物的主要特征是：体表_____；牙齿有_____、_____和_____的分化，体腔内有_____；用_____呼吸，心脏_____；体温_____；大脑发达，胎生，哺乳。

11. 动物界最高等的动物是_____。

12. 动物的行为是指_____。研究动物行为的根本目的在于：_____和_____对人类有益的动物，_____和_____对人类有害的动物。

三、问答题

1. 简述动物的进化历程。

2. 恐龙属于什么动物类型，它们为什么会灭绝？

3. 哺乳动物和其他类型的动物相比，有哪些优势？

第五部分

人类的漫长进化历程

我们是猴子变的吗

在成长的过程中，我们可能不止一次问过父母这样的问题：我们是从哪里来的?

相信父母也给过我们很多有趣的答案："从马路上捡来的""从垃圾箱里找到的""从海上漂过来的""从猴子变来的"……

慢慢地，我们逐渐知道了真相：我们是从妈妈的肚子里出生的！

尽管我们知道自己是妈妈生的，妈妈是外婆生的。但如果现在问大家："外婆的外婆的外婆又是谁生的？"相信关于这个问题，许多人就说不清了。

那么，我们是从哪儿来的呢？是不是从猴子变来的?

确切地从生命进化历史来说，我们人类是从古猿一步步进化来的。

我们人类，还有猴子、狒狒、长臂猿、大猩猩、黑猩猩等，都是从6000年前的哺乳动物进化出的"灵长类"动物中渐渐分化演变出的。

图5-1　人类进化示意图

在从古猿到人进化的过程中，劳动和大脑的发展互相促进，使得人类的祖先古猿由低级向高级不断地进化。当人类祖先的视野所及处没有现成的可用的工具时，他们可能会联想到过去见到一块石头由高处落下，砸碎另外的石头产生带刃或带尖的石片的情景，进而尝试用自己手握的一块石头使劲地打击另一块石头，希望产生相同的效果。

这时，人类的祖先不再仅仅利用自然界中现成的物件，而是进一步开始用自己的双手改变自然界中的物体为己所用，人类开始制造石器了。最早的石器是在埃塞俄比亚恭纳地发现的，其制造的年代距今250万年。

相信了解这些进化历史之后，爱思考的读者可能会发问：既然“古猿变人”已成事实，加上动物园里的猿猴在许多方面确实有几分像人。那么，现在的猿能不能变成人呢？

答案是现在的猿不能变成人。因为人和猿是由共同的祖先按照不同的轨迹演变来的。现代猿的祖先长期在热带密林中生活，它们用前肢在树枝之间攀缘，手像钩子那样挂在树枝上，前肢因此变得越来越长，大拇指变短小，后肢变弱，后肢不能长时间地承担身体移动的功能。现代猿的大拇指太短，不能与其他四指有力地对握，不能紧紧地握着作为武器和工具的树枝或石块。

即使现代猿生活的环境改变，树木变稀疏或消失，也不能经常直立着躯干用两条腿走路，用手抓着树枝或石块谋生和抵御敌人，它们无法适应这样的环境，也不能再进化成人。

科普知识窗

生物进化是不可逆的

生物某些退化的器官不会再像以前一样发达起来；完全消失的器官更不会再度出现；历史上无数的种类灭绝了，不可能再重生。凡进化了的生物，就不会复原了。这便是生物进化的不可逆规律。

类人猿的原始由来——森林古猿

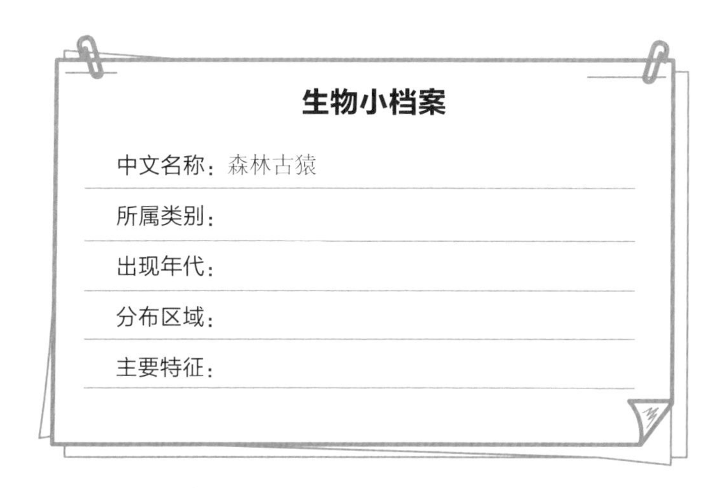

我们是谁的后代？我们的祖先来自哪里？

从理论上讲，人类的起源可以追溯到地球开始出现生命的时候，也就是大约35亿年前。然而，真正的人类起源和进化，是从我们的祖先有一点点像人的时候开始的。

在大约2000多万年以前，森林里生活着一些用四足攀爬树木的小型动物。我们把这些用四足攀爬树木的动物称为森林古猿。这些动物的化石主要发现于亚洲、欧洲和非洲等地的新生代第三纪的地层中。

研究发现，森林古猿原先是生活在树上的，后来它们生活的地区逐渐变得干旱，森林变得稀疏，森林中食物也随之变少，古猿不得不在森林外的地面上找食物。因为这些地方没有树上安全，森林古猿没有坚牙利爪，也不能像羚羊那样快速地奔跑以逃避猛兽的侵害，所以它们要学会发挥上肢的作用，用手握着石块或树枝当作武器来保护自身。它们还可以用手拿着天然带尖或刃的石片或折断的树枝做工具去挖植物的块根，捕猎弱小的野兽。

为了满足这种需求，森林古猿要用两腿支撑身体灵活地移动。它们的手越来越灵活，腿越来越粗壮，越来越能够独自承担身体移动和快速奔跑的功能，从而将手完全解放出来使用天然工具。慢慢地，它们的脊柱形成了人类特有的弯曲，头骨移到了脊柱的上方，这时的森林古猿正逐步脱离一般动物的范畴。

图5-2　森林古猿

森林古猿的遗骸化石包括头骨、上下颌骨、牙齿及四肢骨等。与现代类人猿相比，它们的嘴部是比较突出的，它们的牙齿结构和现代的大猩猩和黑猩猩非常接近，其犬齿非常发达。

古人类学家经过研究和分析发现，森林古猿是一大类生活在环境比较稳定的热带雨林中的古猿。加上新化石的发现表明，森林古猿与人科动物并无关系，因此，森林古猿并不是人类的祖先。

科普知识窗

古猿变人的四个阶段

人类的进化大体可以分为四个阶段，即早期和晚期猿人阶段、早期和晚期智人阶段。早期猿人主要靠天然工具谋生，发明制造石器；晚期猿人不但会制造石器，还会用火；早期智人脑容量接近现代人的水平，生产技能更加提高，思想和人际关系更成熟；晚期智人生产力更发达，会制造火种，开始生产艺术品。

南方古猿——从猿到人的过渡类型

生物小档案

中文名称：南方古猿

所属类别：

出现年代：

分布区域：

主要特征：

既然森林古猿不是人类的祖先，那么人类的祖先是谁呢？一般认为，南方古猿是从猿进化到人的第一个过渡阶段。

在20世纪90年代，古人类学家找到了两种早期的、能够直立行走的古猿化石。发现于肯尼亚的人科动物化石被命名为“湖滨南猿”，而发现于埃塞俄比亚的人科动物化石则被命名为“始祖地栖猿”。

在距今约450至120万年以前，在非洲东部和南部地区生活着一些不同类型的人科动物。其中，目前我们比较了解的一支就是南方古猿。其中，阿法南方古猿和非洲南方古猿都属于南方古猿属。

南方古猿的骨盆为盒形，较短而宽；它们的脊柱显示出了典型的人科动物的弯曲，这说明它们已经能够直立行走了；它们的腿骨和足骨也为两足直立行走型，足骨的大拇趾不能和其他脚趾相对，显得强壮粗大。

图5-3　南方古猿

南方古猿身高一般不超过140厘米，体重在40千克以下，脑容量约为500毫升，属于“纤细”型。长相和举止酷似黑猩猩的南方古猿比其他古猿的脑容量都要大，这就使它们相对比较聪明。而且由于它们什么都吃，生存及繁衍就变得很容易。

南方古猿虽然没有尖利的牙齿，没有强大的捕食猎物的能力，但是它们会尾随在狮子或豹子的后面，待这些猛兽们吃饱后得到一些肉食。同时，为了对抗争食的其他动物，它们会用石块和树枝作为“武器”。当然，它们还会以果实、昆虫的幼虫等来充饥。当遇到猛兽时，它们还能迅速地爬到树上去躲避敌害。

慢慢地，一部分南方古猿开始充分利用它们的前爪制造简单的武器和工具。虽然它们制造的东西现在看来十分简陋，但是，正是工具和武器的使用帮助了南方古猿的发展和壮大。就这样，“爪子”逐渐进化成了“手”，并且能用双手使用工具来“砸”东西。

随着非洲草原和气候的变迁，南方古猿的生活变得越来越艰难。它们不得不为生存做出努力和改变，其中的一部分开始朝着人类的方向进化了。

手部复杂的动作需要更发达的大脑的支配，而发达的大脑不仅会制造更先进的工具，还可以控制手部做出更精确的动作，于是工具与大脑一起进步了。这种进步可以帮助南方古猿更好地找到丰富的、营养价值较高的食物，从而保证整个种群的顺利繁衍。并且，它们群体生活在一起，一起制造工具和保护食物，逐渐获得了相对较长的寿命。

南方古猿分四类

研究人员把发现的南方古猿的化石材料分为四个种类，即阿法种、非洲种（纤细种）、粗壮种以及鲍氏种。并且，从最早的阿法种向前演化分为两支，一支经过非洲种发展成粗壮种，最后在距今大约150万年前灭绝了；另一支则向着人类进化的方向发展，经过能人、直立人，直到我们现代人。

能人——南方古猿和猿人的中间类型

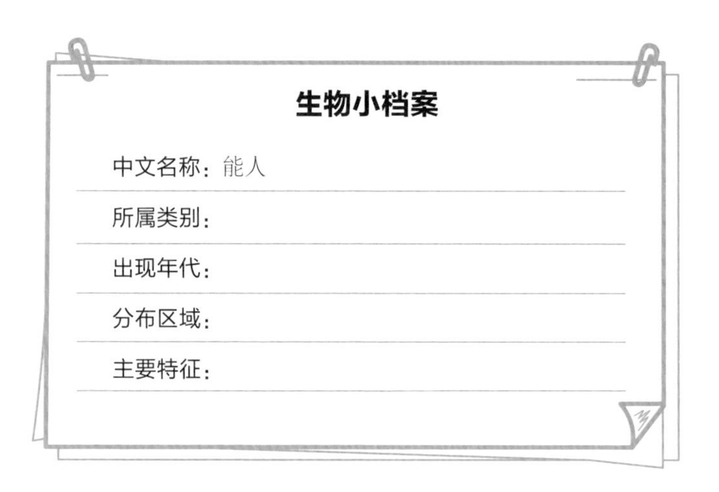

大约在200万年前的某一天，南方古猿的后裔正在练习投掷石块。古人类学家认为，这是人类进化史上一次伟大的尝试。准确的投掷不仅是它们生活所必需的技巧，也是促进大脑高度发育的一个主要途径。

古人类学家研究推断，南方古猿的后裔投出的石块击中了一块大石头，石块碎裂了，就在它捡起石块的时候，石块碎片的边缘割伤了它的手指。这个南方古猿后裔无疑是非常聪明的，它用这个锋利的边缘在某种坚韧的兽皮上划了划，于是它找到了可以轻松吃兽肉的方法。原来，锋利的石片比笨重的石块有用多了。

于是，南方古猿后裔将这种方法传授给了它的同伴，慢慢地，它们开始有意识地寻找具有锋利边缘的石块，然后再设法使石块变得更锋利、更耐用。

采用了这种方法，南方古猿的后裔吃肉食变得容易起来。大量的肉食为他们的身体提供了较充足的能量，大脑因此得到了充分发育。一代又一代，这些后裔们变得越来越聪明，于是我们不再称其为古猿，而称他们为“能人”。

能人的身高也在140厘米以下，还是十分矮小，他们生活在距今250万年至160万年前。他们的脑容量已经达到了680毫升，牙齿也非常接近现代人。如果能人生活在我们的身边，我们可能会把他们当成瘦小的、长相丑陋的人。但是，在他们生活的年代里，他们堪称当之无愧的“能人”。

图5-4　能人

在人科动物由南方古猿进化到能人的时期里，其脑容量增加的速度是惊人的，从大约500毫升增加到680毫升。

尽管此时能人还远不够聪明，工具还有点过于粗糙，但是我们的祖先在这一刻已经迈向万物之灵——人类的征途了！

能人时期的代表工具——石器

和能人化石一起发现的还有石器。这些石器包括可以割破兽皮的石片，带刃的砍砸器和可以敲碎骨骼的石锤，这些都属于屠宰工具。因此，可以说能够制造工具和脑容量的增大是人属的重要特征。

直立人的出现与火的发明

生物小档案

中文名称：直立人

所属类别：

出现年代：

分布区域：

主要特征：

直立人是古人类，起源于非洲，他们是最早走出非洲的人科动物。直立人一直生存到50万年前，有的甚至可能在10万年前还存在。

有化石证明，在160万年前，一种与现代人几乎一样高、眼眶上长着粗壮的眉脊、嘴部前突的人科动物出现了，并且在其后生存、繁衍了很长一段时间。古人类学家称他们为“直立人”。在进化的过程中，直立人的脑容量比能人增加了，已经达到了850毫升以上。脑容量的增加给直立人带来了更多生活技巧。比如，制造复杂的石器、长矛，甚至将兽骨做成武器和工具。目前为止，他们还可能是人类进化史上首批以狩猎为生的人科动物成员。

图5-5　直立人使用的工具

另外，他们已经开始使用火了。在许多与直立人有关的遗址中，古人类学家都发现了碳化的动物骨骼，这是直立人开始使用火的最有力的证据。加上他们生活的时代气候极为寒冷，火焰不仅可以驱赶猛兽，而且可以御寒取暖。同时，火可以使食物变得易于咀嚼和消化，还可以使由木棍制成的长矛的尖端变得更加锋利和坚硬……

根据目前古人类学家研究和相关的证据表明，直立人应该是不会人工取火的。人工取火的方法是后来出现的智人发现的。

除了烤制食物，直立人很可能还使用燃烧的火把来驱捕野兽。因为在西班牙某地考古学家发现了一个奇怪的场所，那里的化石表明，有许许多多的剑齿象（一种已经灭绝的大象，其体型比现代的非洲象还要巨大）死在了一起，而且它们的骨头明显有人为移动过的痕迹，并且被凌乱地堆积在一起，有的甚至被敲断了。同时，周围还有许多燃烧过的痕迹。

据此，古人类学家根据年代为我们推测了当时的情况：一群或者几群直立人用燃烧的火把将一群惊慌失措的剑齿象驱赶到了深深的沼泽地中，当大象身陷泥沼后，这些直立人便把它们逐一杀死了。然后，直立人以砍

图5-6　直立人的一大进化——火的使用

下的象腿作为“桥”，将大象肉运出沼泽。

当大象肉被运回直立人生活的营地后，他们会把象肉处理成小块，便于用火烧烤。他们甚至还会和孩子一起围着火堆“跳舞”呢！可见，火已经运用到了他们当时生活的方方面面。

由此可见，直立人已经进化了许多，而且进化的速度比较快。他们驱赶或杀死住在洞中的猛兽，然后成群居住在那里，一代一代地繁衍着。直立人已经进化得相当聪明，尽管可能只是发出一些简单组合的奇怪发音，但是不同群体之间的交流也使他们有了更稳固的生存基础。

目前，考古学家已经发现了许多直立人生存的遗址，在亚洲、非洲和欧洲都有。在我国，同样也发现了许多直立人化石的遗址，如周口店、蓝田、和县、元谋……

科普知识窗

烧烤食物来源于直立人时期

关于烧烤食物的起源，古人类学家认为，当时的直立人从燃烧过后的自然火中发现了烧烤过的动物。或许是不小心把食物掉入燃烧的火堆里，当火熄灭后他们发现食物还可以吃，而且变得更加易嚼和鲜嫩，于是便开始慢慢地吃起烧烤过的食物来。

早期智人，掌握了取火技术

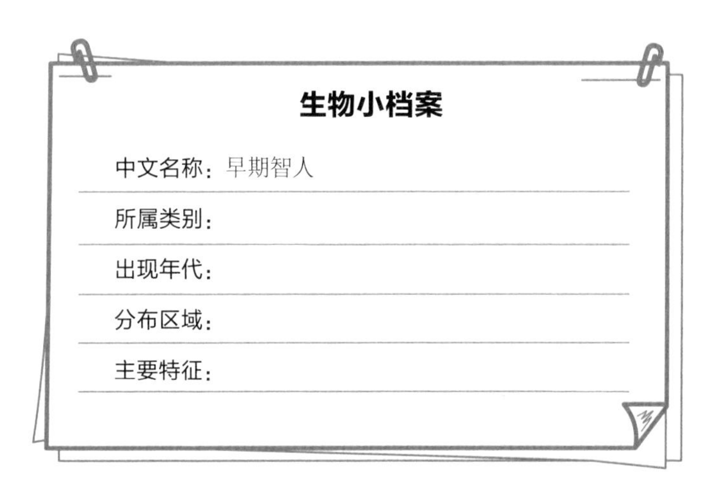

在漫长的人类进化的过程中，我们祖先的手、大脑和工具一直随着身体的进化而进化。

就这样，时间来到大约50万年前，有一部分直立人的后裔开始朝着不同的方向进化了。在经过30万年左右的进化之后，这部分直立人逐渐有了一些新的外貌特征：头颅逐渐长高了，慢慢呈现圆形，而不再低矮、凹陷，眼睛上方已经没有突起的骨头；脸变长了，下巴长出来了，同时具有了比较优美的身材。而且，他们的脑容量也大大地增加了，超过了1 300毫升。由于当时气候相对比较严寒，他们尝试着穿上了用兽皮制成的衣物。古人类学家称他们为“智人”。

智人分为早期智人和晚期智人。一般将大荔人、金牛山人、马坝人等中国古人类归入早期智人。关于早期智人的化石，由于最早是在尼安德特河谷发现的，古人类学上曾将早期智人化石统称为尼安德特人。

古人类学家同时还发现，早期智人并不比当时存在的其他人科动物成员优秀，他们一样处于非常原始的状况，使用着同样粗笨、简陋的石器。这种现象一直持续到5万年至4万年前才发生变化。

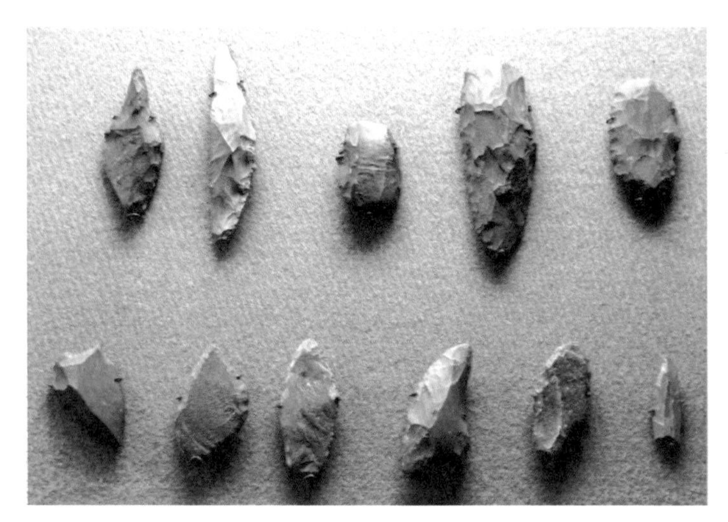

图5-7　尼安德特人使用的工具类别

与此同时，早期智人已经开始了面向全世界的迁徙。

一开始，他们从非洲迁往近东，并且已经在那里和尼安德特人共存了很长一段时间。

接着，在大约6万年前，早期智人开始向亚洲迁徙。其中一些迁往东南亚的部族的后裔则在通过一个个岛屿的迁徙后，最终抵达了新几内亚和澳大利亚，并在那里定居下来。

古人类学家在研究化石后发现，早期智人是在大约4万年前突然变得非常聪明的。在漫长的打制石器的时代里，他们发现两块石头相撞会产生火星，因此人工取火就产生了。接着，他们通过不懈的实践，用火技术逐渐熟练。

图5-8　早期智人使用工具捕食猎物

同时，大脑和手的共同进化帮助早期智人制造出了更先进的工具，从此他们的食物变得充足起来，早期智人的寿命也由三四十岁延长为四五十岁。此外，大脑的进化促进了语言的形成与发展，早期智人可以通过语言把丰富的知识积累并传播下来。而且，早期智人无休止地、不知疲倦地向世界各地迁徙，也使知识得到了更为广泛的传播与交流。于是早期智人的智力很快就达到了进化史上前所未有的水平。

旧石器时代与人类进化阶段

旧石器时代是人类进化史上的一个重要时代。古人类学家把旧石器时代分为三个阶段，即旧石器时代早期、中期和晚期。并且这三个阶段大体上分别相当于人类体质进化的能人与直立人阶段、早期智人阶段和晚期智人阶段。

晚期智人与文化的发展

生物小档案

中文名称：晚期智人

所属类别：

出现年代：

分布区域：

主要特征：

大约4万年前，智人的智力与技能有了显著的进步，一些更先进、更尖锐的武器与器具产生了，如剑头、矛头、钻头、刮刀……而且，智人还掌握了钻孔技术。同时，在不同的地域都出现了属于其他地方的物品，这说明智人的流动性也越来越大。

智人之间信息的交流与传递变得越来越普及，文化似乎已经产生。我们称这个时期的智人为晚期智人。晚期智人，又称新人，是生活在5万年至1万年前的古人类。在我国境内发现的晚期智人遗址中，比较重要的有河套人、柳江人、麒麟山人、资阳人、峙峪人和山顶洞人。

除了和早期智人一样大规模的迁徙之外，晚期智人还有很多创举。

首先，他们产生了通过描绘自然来抒发情感的意识。他们就像是卓越的艺术家，为我们描绘了他们生活的世界。他们留下的一些艺术瑰宝至今仍在震撼我们的灵魂。

克罗马农人就是晚期智人中史前艺术家的代表，他们的作品至今还保留在法国和西班牙的一些洞窟的石壁上。不过，晚期智人的这种创造性活动在最后一次冰川时代的末期突然停止了，没有人知道原因。

图5-9　克罗马农人

晚期智人的文化，除旧石器时代文化外，还包括中石器时代文化和新石器时代文化。中石器时代的文化特征是广泛使用弓箭和复合性工具，使经济形态由采集和狩猎的方式向耕种和放牧的生产活动过渡。到了新石器时代，则出现了原始的手工业（如陶器器皿）和纺织业（如陶纺轮）。

就这样，晚期智人终于全面进化了，他们终于进化成了人类。他们发明了许多精致有效的工具，他们学会了搭建房舍、缝制衣物。也就是说，

图5-10　晚期智人使用的骨针

他们已经过上了以狩猎和采集为基础的集体生活。接着，人口数量增加得越来越快，于是他们的社会生活变得越来越复杂，随之农业与畜牧业也诞生了！

他们迁徙到不同环境条件的地区定居生活，经过漫长历史时期的适应演化，逐渐发展为不同肤色的人种。

超凡的大脑进化

在人类的进化史上，人类的大脑一直没有停止过进化。巨大的脑容量带给人类的好处是显而易见的。尽管它会消耗相当多的能量，但是人类对它的依赖远远超过了其他一些器官。为了保护娇嫩而脆弱的大脑，大脑不但进化出了相当坚固的脑壳，人们还留起了头发，以保护大脑少受伤，同时还能调节体温，即头发具有既保温又散热的双重功能。

现代人，语言和意识高度发展

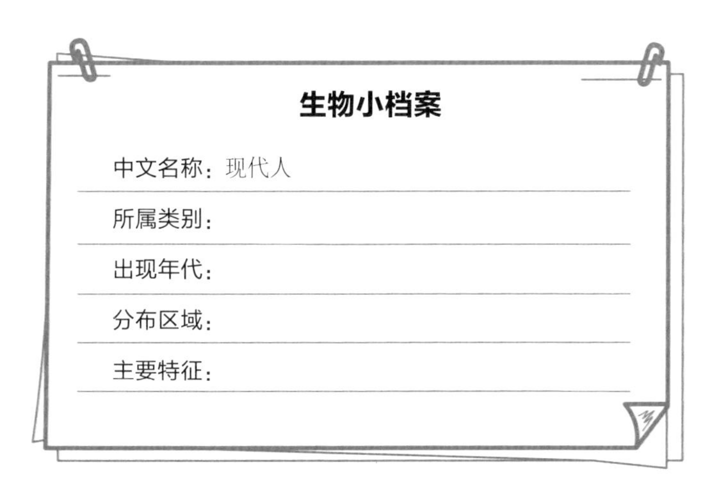

在大约1万年前，人类进入了新石器时代，终于步入了发展的新纪元——现代人产生了。

现代人，一般指新石器时代以后的人类，即公元前1万年到现在的人类。就这样，在与自然界进行了数百万年的斗争后，现代人最终主宰了世界。

那么，现代人有哪些特征呢？概括来说，现代人具有鉴别和革新技术能力，有艺术表达能力，有内省意识和道德观念。同时，现代人也指现在世界各地的具有不同肤色的地区性变种，如白种、黄种和黑种等不同种族。

图5-11 人种

现代人有哪些生物学特征呢？通常，直立行走、特有的发音器官、巨大的脑容量及大脑皮层细胞结构的扩大和分化等，是现代人类的生物学特征。

为什么这么说呢？直立行走使手得以解放，手的解放使工具的制作成为可能；人类特有的发音器官与语言的形成密不可分；人类特有的大的脑容量和人类大脑皮层细胞结构的扩大和分化是人类的语言、意识产生的基础。这是人类区别于其他动物的特有标志，也是人类能够主宰世界的基础。

现代人起源于哪里？一般认为，现代人起源于非洲。

现代人从非洲出发，迁徙到了其他人科动物从未到达的极为寒冷或偏远的地区。由于地域不同，生活环境及条件也不同，于是在不同地域或地区形成了具有不同体型、肤色、语言和文化的人。

随着进化的进一步深入，人们之间的差别越来越明显，于是便形成了现在世界上所见的黑种人、黄种人、白种人和其他具有不同特征的人种。尽管不同人种在外貌和肤色等方面有很大区别，但是在智力、体力、精神乃至基因上几乎没有差异，因此全世界的人类是平等的，没有优劣之分，这就是人类的同一性和多样性的具体体现。

科普知识窗

为什么语言是人类所特有的?

语言文字是人类所制造的工具中的一种特殊的工具——符号工具，由人类大脑的智力发达程度所决定。语言能力是人与猿和其他动物重要的区分特征，只有人类才使用符号语言，猿和其他动物只有信号语言。信号语言含义明显、简单，生物个体在遗传本能和个体经验的基础上就可以掌握。而人类所使用的符号语言，是人类社会所认同的，即人类主要靠语言文字传递信息。

生男生女是妈妈决定的吗

很多人认为，生男或生女是由妈妈决定的，是妈妈肚子里的环境决定了胚胎最终长成男孩儿还是女孩儿。

事实真是这样吗？其实，从父母给我们生命——卵子受精（受精卵）的那一刻开始，我们的性别就被决定了。受精卵是由父亲的一个精子和母亲的一个卵子结合而成的。

简单来说，就是母亲的卵子只有一种，而父亲的精子却有两种，分别决定我们是男孩儿还是女孩儿。所以说，我们最终的性别是由父亲决定的。

人体的每一个体细胞中都有23对染色体，其中有一对决定性别的染色体，称为性染色体，其余22对染色体与性别决定没有直接关系，称为常染色体。男性体细胞中的一对性染色体，其大小、形态、结构都不相同，大的一条称X染色体，小的一条称Y染色体，所以男性的性染色体是异型的XY。女性体细胞中的一对性染色体，其大小、形态基本相同，称X染色体，所以女性的性染色体是同型XX。从进化角度看，性染色体是由常染色体分化而成的。在高等生物和人类中，随着X染色体和Y染色体的进一步分化，Y染色体在性别决定中起着主要作用。

总的来说，性染色体决定性别。男性产生两种精子，一种是含Y染色体的Y型精子，一种是含X染色体的X型精子，两种精子的数目相等；女性只产生一种含有X染色体的卵子。受精后，如果卵子（X）与X型精子结合，形成XX合子（受精卵），将会发育成女性；如果卵子（X）与Y型精子结合，形成XY合子，将会发育成男性。

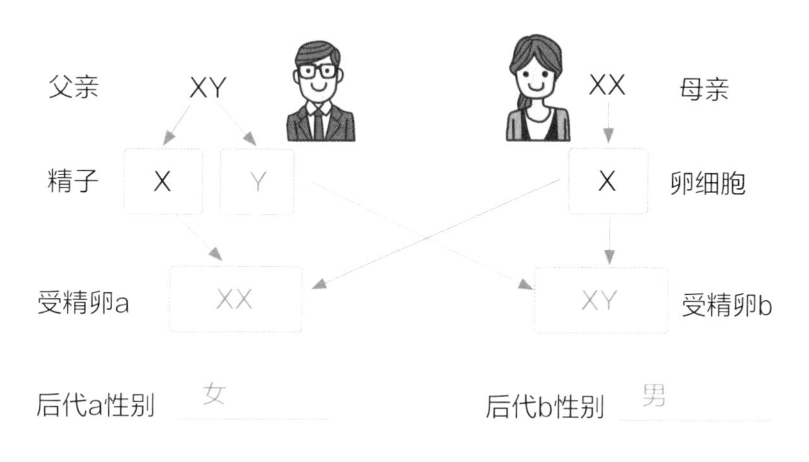

图5-12　性别遗传示意图

XY型性别决定机制在生物界较为普遍，很多雌雄异株植物、昆虫、鱼类、两栖类和所有哺乳动物都是XY型性别决定。

但是，不论母体得到了哪种精子，胚胎在前六至七个月内都是一样的，每个胚胎都具有两套代表性别器官的雏形。随着时间的推移，决定男性性别的精子中有一种物质开始起作用，它使女性器官雏形慢慢退化，而男性器官越来越发达，直到胚胎内只剩下一套男性器官为止，而这个胚胎也就变成了男性胚胎。

同样的，如果母体获得成为女性的精子，六七个月过后，该胚胎中男性器官的雏形会自行退化，只留下一套女性器官慢慢发育，不久，一个女性胚胎也形成了。

科普知识窗

性别的发育必须经过两个步骤

一是性别决定，它是指细胞内遗传物质对性别的作用而言的。受精卵的染色体组成是决定性别的物质基础，它在受精的那一瞬间就确定了。二是性别分化，这是指在性别决定的基础上，经过一定的内部（性激素）和外部环境、条件的相互作用，发育成为一定性别的表现型。

混血儿为什么较漂亮

一提到混血儿，我们可能会想象出金发碧眼的混血女孩或大眼呆萌的混血男孩的画面。那么，混血儿为什么比较漂亮呢？混血儿的遗传基因中究竟藏着什么秘密呢？

混血儿，指的是种族不同的男女结合之后生下的子女。父母双方中一方为混血儿，所生育的孩子仍然是混血儿，且根据另一方的种族、人种，其生育的孩子可能增加一个或多个混血基因。而同一人种，即使民族不同，生育的孩子也不是混血儿。比如，中国人和日本人、日本人和韩国人等生育的后代就不是混血儿。

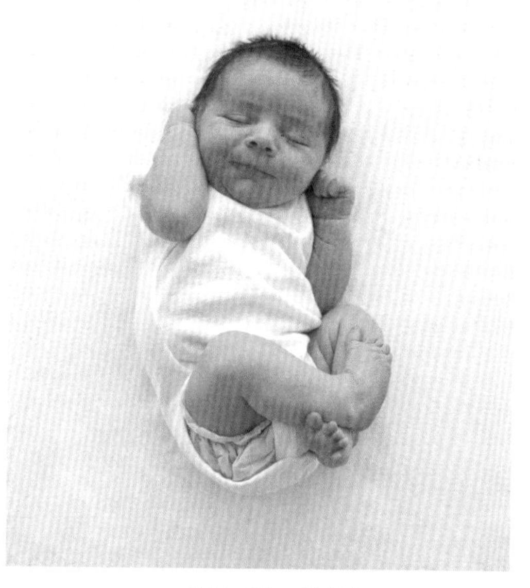

图5-13　混血儿

之所以被称为混血儿，是因为他们身上混合了不同人种的血吗？事实上，从基因学的角度来说，与其说混血儿混的是“血”，不如说混血儿“混”的是“基因”。

基因学认为，混血儿拥有更多的优良基因，原因是混血儿的父母血缘关系甚远，混血儿结合了两个（或以上）种族的血统，在个体进行基因配对中得到优势互补，取得基因优势。

我们知道，血缘关系越近，隐性不利基因相同的概率就越高。血缘关系越远，不利基因往往不同，在后代身上表现出来的概率也越低。同样，混血儿父母的基因相差甚远，因而混血儿容易遗传到父母身上显性的有利基因，也就是集合了父母的优点，无论是肤色还是智商，甚至是外貌。

图5-14　漂亮的混血女童

那么，是不是意味着混血儿占尽了先机，就没有遗传劣势吗？事实上，混血儿虽然遗传了父母的优势基因，但是，从生物学遗传角度来说，这些显性基因不但包括优秀基因，同样也包括疾病基因，所以对混血儿来说，疾病基因的显性概率远大于纯种人。研究发现，混血儿由于基因组合的原因身体的机能代谢速度会较快下降，所以当他们成长到中年，身体的健康性能也往往会相对较差一点。

科普知识窗

混血儿初代和后代患病概率差别大

关于寿命和疾病的问题，初代混血儿身上可能表现得不明显，因为优势互补起主要作用。但第二、三代之后，当互补优势逐渐消失时，混血儿出现某些隐性疾病及并发症的概率远高于纯种人。

★★本部分生物知识小测验

一、单项选择题

1. 森林古猿从树上到地上生活的原因是（　）

A. 为了换环境

B. 由于流星撞击

C. 由于地壳运动和气候变化

D. 为了扩张领地

2. 在森林古猿进化到人的历程中，最关键的是（　）。

A. 制造工具　B. 使用火　C. 产生语言　D. 使用工具

3. 人类和类人猿的共同祖先是（　）。

A. 类人猿　B. 大猩猩　C. 森林古猿　D. 猴子

4. 下列动物中，与人类亲缘关系最近的是（　）。

A. 猴子　B. 大象　C. 阿拉伯狒狒　D. 猩猩

5. 到目前为止，从人类所了解的事实可以推断出，人类最早可能出现在（　）。

A. 非洲　B. 亚洲　C. 欧洲　D. 美洲

6. 人类和黑猩猩有许多相似之处，这说明（　）。

A. 黑猩猩是人类的原始祖先

B. 人类是由黑猩猩进化而来的

C. 人类是黑猩猩进化的一个分支

D. 黑猩猩和人类有着共同的祖先

7. 在从猿到人的进化过程中起重要作用的是（　）。

A. 交流　B. 劳动　C. 语言　D. 运动

8. 考古人员在北京人遗址中发现了大量木炭和几处较大的灰烬堆。这说明北京人会（　）。

A. 建造房屋　B. 使用天然火

C. 制造工具　D. 过群居生活

9. 《韩非子》是一部古书，里面有这样的记载："上古时候……民众经常生病。圣人出现以后，用钻木取火的方法使民众能吃到熟食，人们都非常高兴，于是推举他通知天下，称他为'燧人氏'"。从这几句话中，我们可以得出远古人类怎样的信息？（　）

A. 远古人类发明了文字

B. 远古人类会制作陶器

C. 远古人类懂得用火烧烤食物

D. 什么信息也得不出来

二、填空题

1. 19世纪著名的进化论建立者是_____，他提出了人类与类人猿的共同祖先是森林古猿。

2. 根据发现的古人类化石，人类的进化发展大约分为_____阶段、_____阶段、_____阶段和_____阶段。

3. 火的使用是人类进化过程中的一大进步，_____已经会使用天然火，_____掌握了人工取火的技术。

4. 根据人类进化阶段与其主要特征的对应关系，我们知道，最早两足直立行走的原始人类是_____；最早能使用和制造工具的原始人类是_____；最早使用火的原始人类是___；脑容量和现代人相当的原始人类是_____。

5. 在人类进化的过程中，发生最显著变化的是_____的增加。

6. 科学家认为，随着_____和_____的不断进化和发展，智人最终进化为现代人类。

7. 现代人类区别于猿的一个重要特征是两足_____。

三、问答题：

1. 人类和类人猿有哪些区别？

2. 你认为在现代地球所提供的条件下，类人猿能否进化为人类？为什么？

3. 虽然“人猿同祖”，但是人口的数量不断增加的同时，大猩猩的数量却在日益减少，你知道这是什么原因引起的吗？

附录 1　地质年代与生物发展阶段对照表

<table>
<tr><th rowspan="2">宙</th><th rowspan="2">代</th><th rowspan="2">纪</th><th rowspan="2">世</th><th rowspan="2">距今时间
(百万年)</th><th colspan="4">主要生物进化</th></tr>
<tr><th colspan="2">动物</th><th colspan="2">植物</th></tr>
<tr><td rowspan="16">显生宙</td><td rowspan="7">新生代</td><td rowspan="2">第四纪</td><td>全新世</td><td>1</td><td colspan="2" rowspan="2">人类出现</td><td colspan="2" rowspan="2">现代植物时代</td></tr>
<tr><td>更新世</td><td>2.5</td></tr>
<tr><td rowspan="2">新近纪</td><td>上新世</td><td>5</td><td rowspan="5">哺乳动物时代</td><td rowspan="5">古猿出现灵长类出现</td><td rowspan="5">被子植物时代</td><td rowspan="5">草原面积扩大，被子植物繁殖</td></tr>
<tr><td>中新世</td><td>24</td></tr>
<tr><td rowspan="3">古近纪</td><td>渐新世</td><td>37</td></tr>
<tr><td>如新世</td><td>58</td></tr>
<tr><td>古新世</td><td>65</td></tr>
<tr><td rowspan="3">中年代</td><td>白垩纪</td><td></td><td>137</td><td rowspan="3">爬行动物时代</td><td rowspan="3">鸟类出现，恐龙繁殖，恐龙、哺乳类出现</td><td rowspan="3">裸子植物时代</td><td rowspan="3">被子植物出现，裸子植物繁殖</td></tr>
<tr><td>侏罗纪</td><td></td><td>203</td></tr>
<tr><td>三叠纪</td><td></td><td>251</td></tr>
<tr><td rowspan="6">古生代</td><td>二叠纪</td><td></td><td>295</td><td rowspan="2">两栖动物时代</td><td rowspan="2">爬行类出现，两栖类繁殖</td><td rowspan="7">孢子植物时代</td><td rowspan="7">裸子植物出现，大规模森林出现，小型森林出现，陆生维管植物出现</td></tr>
<tr><td>石炭纪</td><td></td><td>355</td></tr>
<tr><td>泥盆纪</td><td></td><td>408</td><td rowspan="2">鱼类时代</td><td rowspan="2">陆生无脊椎动物发展和两栖类出现</td></tr>
<tr><td>志留纪</td><td></td><td>435</td></tr>
<tr><td>奥陶纪</td><td></td><td>495</td><td rowspan="3">海生无脊椎动物时代</td><td rowspan="2">带壳动物爆发</td></tr>
<tr><td>寒武纪</td><td></td><td>540</td></tr>
<tr><td rowspan="3">元古宙</td><td>新元古</td><td>震旦纪</td><td></td><td>650</td><td>软躯体动物爆发</td></tr>
<tr><td>中元古</td><td></td><td></td><td>1000</td><td rowspan="2">低等无脊椎动物出现</td><td colspan="3" rowspan="2">高级藻类出现，海生藻类出现</td></tr>
<tr><td>古元古</td><td></td><td></td><td>1800</td></tr>
</table>

（续表）

宙	代	纪	世	距今时间(百万年)	主要生物进化	
					动物	植物
太古宙	新太古			2500	原核生物（细菌、蓝藻）出现 （原始生命蛋白质出现）	
	中太古			2800		
	古太古			3200		
	始太古			3600 4600		

附录 2　书中涉及的重要术语解释及索引

页码	术语名称	解释
P2	团聚体	一种由有机物构成，具有隔离外界边界膜和内化学环境的有机体。可以通过边界膜吸收外界物质，在内环境中合成新物质，并通过边界膜排出废物。
P7	细胞	生物体结构和功能的基本单位，形状多种多样，主要由细胞核、细胞质、细胞膜等组成。植物的细胞膜外面还有细胞壁。细胞可以运动、获取营养和繁殖等。
P21	扁形动物	无脊椎动物的一门，身体呈扁形，左右对称。多为雌雄同体，如绦虫；有的雌雄异体，如血吸虫。
P22	孢子	某些低等动物和植物产生的一种具有繁殖或休眠作用的细胞，离开母体后就能形成新的个体。
P39	基因转录	在细胞核和细胞质内进行。指以DNA的一条链为模板，按照碱基互补配对原则，合成RNA的过程。
P39	（基因）翻译	根据遗传密码的中心法则，将成熟的信使RNA分子（由DNA通过转录而生成）中核苷酸序列解码，并生成对应的特定氨基酸序列的过程。蛋白质生物合成过程中的第一步。

页码	术语名称	解释
P43	菌落	指由单个微生物细胞或一堆同种细胞在适宜固体培养基表面或内部生长繁殖到一定程度，形成以母细胞为中心的一团肉眼可见的、有一定形态、构造等特征的子细胞集合体。
P54	无性繁殖	不经过雌雄两性生殖细胞的结合、只由一个生物体产生后代的生殖方式。常见的有孢子繁殖、出芽繁殖和分裂繁殖。广义的无性繁殖包括压条、嫁接等。
P54	有性繁殖	经过雌雄两性生殖细胞的结合而形成新个体的繁殖方式。有性繁殖是生物界最普遍的繁殖方式，也叫两性繁殖。
P76	太古代	地质发展史中最古老的时期，该时期所形成的地层称为太古宙。该时期延续时长达15亿年，是地球演化史中具有明确地质记录的最初阶段。
P76	元古代	紧跟在太古代之后的一个地质年代。一般指距今24亿年起至5.7亿年前这一段地质时期。这一时期形成的地层叫元古界。
P77	古生代	一般指距今约5.7亿年起至2.3亿年前这一段地质时期。古生代包括了寒武纪、奥陶纪、志留纪、泥盆纪、石炭纪、二叠纪。泥盆纪、石炭纪、二叠纪又合称晚古生代。
P79	营养繁殖	凡是不用种子，而只用营养器官繁殖后代的方法，叫作营养繁殖。

页码	术语名称	解释
P82	维管束	高等植物体的组成部分之一，主要由细而长的细胞构成，聚集成束状。植物体内的水分、养料等，经维管束输送到各部分去。
P93	颈卵器	亦称藏卵器。是轮藻类、苔藓类、蕨类的有性世代的特殊构造的雌性生殖器官。退化型的颈卵器也见于裸子植物。
P99	传粉	成熟的花粉从雄花的花药里散放出来，传播到雌蕊的枝头上的过程。
P100	雄花	只有雄蕊的单性花。如西瓜花。
P100	雌花	只有雌蕊的单性花。如核桃。
P114	体腔	动物的内脏器官存在的空间，高等脊椎动物的体腔通常分为胸腔和腹腔。
P116	底栖生物	生活在江河湖海底部的动植物。按生活方式分，底栖生物可分为营固着生活的、底埋生活的、水底爬行的、钻蚀生活的、底层游泳的等类型。
P135	中生代	指距今2.5亿年起至6 500万年的一段时间，持续约1.85亿年。中生代包括三叠纪、侏罗纪、白垩纪。
P144	特化	由一般到特殊的生物进化方式。
P148	新生代	指的是约6 500万年前至今天的这段地质时期。是继古生代、中生代之后最新的一个代。新生代形成的地层称新生界。

页码	术语名称	解释
P161	人科动物	人类所有种类之通称，属灵长目类人猿亚目人超科。
P176	旧石器时代	指的是打制石器的时代，那时人们还不懂得研磨石器。
P179	新石器时代	指的是磨制石器的时代。
P185	雌雄异株	雄花和雌花分别生在两棵植株上，叫作雌雄异株。如菠菜。与雌雄异株相对的是雌雄同株，指的是雄花和雌花生在同一植株上，如玉米。

附录 3　每部分小测验的参考答案

第一部分小测验答案

一、单项选择题

1–5　　C　A　C　C　B

6–10　　D　A　D　B　C

11–13　　B　D　C

二、填空题

1. 营养　叶绿素　没有叶绿素　植物　动物

2. 海洋　陆地　苔藓　蕨类　水　蕨类　裸子　被子　水

3. 鱼类　鱼类　两栖类　两栖类　爬行类　爬行类　鸟类　哺乳类

4. 由简单到复杂　由低等到高等　由水生到陆生

5. 越简单　越低等　水生生物的化石也越多　越复杂　越高等　陆生生物的化石也越多　由简单到复杂　由低等到高等　由水生到陆生

6. 有利

7. 自然环境　其他生物

8. 细胞核　细胞质　细胞壁　细胞膜

9. 小液泡　大液泡

三、问答题

1. 简述地球上的生命是如何起源的。

答：地球诞生之初，原本是没有生命的。但是，经过漫长的时间，原始地球为生命起源提供了条件。比如，原始的大气和海洋提供了物质基础，如甲烷、氨、水、氢气、硫化氢、氰化氢等。同时，宇宙射线、紫外线、闪电、火山喷发释放的能量，也为生命的起源提供了保障。

就这样，在原始海洋中的有机物经过不断相互作用，大约在地球形成以后的10亿年中，才形成了原始生命。因此，原始海洋是生命的摇篮，没有原始海洋就没有原始生命的出现。

2. 植物细胞和动物细胞在构造上有哪些相同和不同的地方？

答：相同点：都有细胞膜、细胞质和细胞核。

不同点：植物细胞有细胞壁，细胞质里有液泡，植物绿色部分的细胞质里，含有叶绿体，是制造有机养料的地方。这些是动物细胞里没有的。

3. 生命的进化规律是什么样的，请简要描述一下。

答：在漫长的进化过程中，生物体的结构越来越复杂，以实现更多的生理功能，适应环境的变化。比如，无脊椎动物中的草履虫，结构十分简单，整个身体由一个细胞构成，没有组织、器官和系统，这种结构基础决定了它的生理功能、活动范围、生活方式等都是非常受限制的。相比之下，腔肠动物、扁形动物、线形动物、环节动物、节肢动物等结构越来越复杂，功能也越来越完善，活动范围扩大，生活方式多样。功能越完善，越能适应环境，在生物中的地位也就越高，因而，随着结构越来越复杂，生物越来越高等。

4. 现存的生物中，有许多非常简单和低等的生物没有在进化过程中灭绝，而且分布还很广泛，这是为什么?

答：我们知道，生物进化讲求适者生存，一些生物虽然结构简单，但在进化过程中却能很好地适应环境的变化，而且也正由于结构简单和快速的繁衍，反而比一些结构复杂的生物能更快地适应新环境。

同时，这些简单、低等的生物是生物链中不可或缺的重要一环，它们能为一些结构复杂、高等的生物提供食物来源、帮助分解其腐败物、净化环境等，因此，它们具有不可替代的作用。因为它们一旦灭绝，那些复杂的生物也将不复存在。

5. 生物进化的许多环节还缺少化石证据，你认为化石证据不够全面的原因可能是什么?

答：化石证据不够全面的原因主要包含三个方面：第一，有些化石还没有被人类发现；第二，有些生物本来就没有留下化石；第三，由于地壳、环境的变化或者人类的某些活动导致了一些化石被毁灭。

第二部分小测验答案

一、单项选择题

1–5　B　C　A　B　B

6–10　D　D　A　D　C

11–15　B　B　D　A　D

16-17　B　A

二、填空题

1. 球菌　杆菌　螺旋菌

2. 细胞壁　细胞膜　细胞质　细胞核　荚膜　鞭毛　芽孢

3. 叶绿体　异养

4. 细胞核　叶绿体　异养

5. 营养　直立

6. 成形的细胞核　孢子　叶绿素　异养

7. 电子　球　杆　蝌蚪

8. 蛋白质　核酸　细胞

9. 植物　动物　细菌

10. 噬菌体　细菌

三、简答题

1. 什么是微生物，它有哪些特征?

答：微生物，指的是一切肉眼看不见或看不清的微小的生物的总称。主要包括细菌、放线菌、真菌和病毒等。

微生物的大小一般依靠“微米”做单位来评价其大小，按照外形、内部构造，依照简单到复杂、低等到高等。微生物具有极强的抗热、抗寒、抗盐、抗干燥、抗酸、抗碱、抗缺氧、抗压、抗辐射及抗毒物等能力。

2. 细菌和病毒的区别是什么?

答：细菌和病毒的区别主要表现在三个方面：

（1）形态方面

细菌的大小远比病毒大。通常细菌的大小常以微米来衡量，而病毒的大小常以纳米来衡量。

细菌的外部形态大多为球状、杆状、螺旋状，并且也因此命名为球菌、杆菌以及螺旋菌。而病毒为多面体结构，为了能达到最佳稳定结构，以及最佳比表面积，病毒多为一十二面体。

（2）结构方面

虽然细菌没有细胞核、只有类似的拟核结构，但是细菌仍具有一定的细胞结构，即细胞壁、细胞膜、细胞质。并且，根据细菌细胞壁结构和成分的不同，发展出的革兰氏染色机制，将细菌分为革兰氏阴性菌和革兰氏阳性菌。而病毒不具有上述细胞结构，它由核衣壳包裹遗传物质所构成。

（3）生存繁殖方面

细菌根据其生存方式可以分为自养性和异样性，即一部分细菌可以通过光合作用或者将无机物转化成为有机物质的化能方式而达到生存的目的；另一部分细菌必须从外界摄取营养来养活自己。而病毒只能依靠寄生于宿主体内的形式而存活，尽管它们可以暂时脱离宿主，以休眠体的形式待在外界非常“恶劣”的环境中。

3. 微生物都生存在哪里，请简述一下。

答：凡是动植物生存的地方，都有微生物的存在，即使许多动植物不能耐受的恶劣环境中也有微生物的存在。通常，微生物的主要集聚地有：

（1）土壤，是微生物聚集最多的地方。（2）空气中也是微生物的集聚地之一。通常，空气中尘埃越多的地方，微生物就越多。（3）水中也是微生物的聚集地之一。无论淡水、海水、湖水，还是雨水、雪水、自来水中，都有微生物的存在。（4）人的体表和体内是许多微生物聚集的场所。（5）食物中也是微生物的主要集聚地之一。

第三部分小测验答案

一、单项选择题

1–5　A　C　A　B　D

6–10　B　D　A　A　A

11–15　C　A　B　D　D

16–20　A　C　C　C　A

二、填空题

1. 形态　结构　功能
2. 组织　次序　功能
3. 细胞壁　细胞膜　细胞质　细胞核
4. 藻类植物　苔藓植物　蕨类植物　种子植物
5. 水　淡水藻　水绵　海藻　海带
6. 单　多　根　茎　叶　叶绿体　光合作用　水
7. 茎　叶　输导　离不开　阴湿
8. 输导　机械　受精　阴湿
9. 深层　针　小　紧密　厚　表皮　蒸腾

10. 种子　裸露　子房壁　不需要

11. 子房壁　果皮　不需要　双受精　导管

12. 营养　生殖

13. 大　小

14. 风力　昆虫　风媒　虫媒

三、问答题

1. 根据生物的进化规律，简述植物的进化过程。

答：在原始的海洋中，原始的单细胞生物逐渐进化成原始的藻类植物，如原始的绿藻。大约在5亿年前，裸蕨植物开始登陆，地球上出现了陆生植物，它们由原始的藻类植物进化而成，没有叶，也没有真正的根，只能靠假根用茎进行光合作用。后来，这类裸蕨植物逐渐分化出各种蕨类植物，不仅有了茎，还有了真正的根和叶。

在2亿多年前，由于剧烈的地壳运动和气候变化等原因，蕨类植物大量消亡，部分蕨类植物逐渐演变成裸子植物。后来，又有部分裸子植物逐渐演变成被子植物。于是，裸子植物和被子植物最终成了地球上最占优势的植物类群。

2. 绿色开花植物是由哪些器官构成的？花有什么作用？

答：绿色开花植物是由根、茎、叶、花、果实、种子六种器官构成的。根、茎、叶是营养器官，花、果实、种子是生殖器官。

花本身只是植物用来繁衍后代的器官，雄花负责传播花粉，雌花负责接收花粉，孕育后代。同时，人们根据传播花粉的途径，将花分为风媒花、虫媒花、水媒花等。

3. 裸子植物和被子植物的根本区别和联系是什么？

答：裸子植物和被子植物，都是结果食的植物，同属于种子植物。它们之间的根本区别主要表现在：裸子植物的果实直接裸露在外面，它的种子仅仅被一鳞片覆盖起来，决不会把种子紧密地包被起来，如银杏，它的种子着生在一根长柄上，自始至终处于裸露状态。而被子植物的种子生在果实里面，除了当果实成熟后裂开时，一般它的种子是不外露的，如苹果、大豆等。

第四部分小测验答案

一、单项选择题

1–5　A　A　B　C　B

6–10　C　D　A　C　A

11–15　A　C　D　C　B

16–19　B　D　B　D

二、填空题

1. 身体微小　结构简单　整个身体由一个细胞构成　单细胞

2. 无脊椎　脊椎

3. 外胚层　内胚层　中胚层　消化腔　口　肛门

4. 昆虫纲　甲壳纲　蛛丝纲　多足纲　昆虫纲

5. 体节　分部　外骨骼　足和触角

6. 脊椎 鱼纲 两栖纲 爬行纲 鸟纲 哺乳纲

7. 变态 水中 鳃 肺 裸露 黏液 辅助呼吸 两心房一心室 不恒定

8. 角质的鳞或甲 肺 一个不完全的隔膜 体内 不恒定

9. 有喙无齿 被覆羽毛 前肢变成翼 骨中空内充满气体 体温恒定

10. 被毛 门齿 犬齿 臼齿 膈 肺 四腔 恒定

11. 哺乳动物

12. 动物的动作 认识 利用 控制 防除

三、问答题

1. 简述动物的进化历程。

答：原始海洋中的原生生物是动物进化的源头。接着，原始生物经历了多细胞动物和高等多细胞动物的进化，从而出现了蠕虫动物进化到软体动物，软体动物进化到节肢动物，节肢动物进化到棘皮动物和原索动物。又经过漫长的时间，动物进化进入了脊椎动物阶段。

鱼类是最古老的脊椎动物，随着不断进化与发展，逐步演化出一类能适应水陆之间生存的动物，即两栖动物。再后来，一些进化彻底的两栖动物成功地适应了陆地生活，从而得以生存下来，逐渐进化成爬行动物。后来地球上的生物又经过漫长的进化，哺乳动物开始接管地球。

最终，哺乳动物中的一支灵长类开始出现在进化的舞台上。在漫长的进化过程中，这些早期的灵长类动物逐渐发展出了灵长目的猿类——他们就是人类的祖先。又经过漫长的发展进化，古猿经历了直立人、能人、智人阶段，终于发展到了现代人的阶段。

2. 恐龙属于什么动物类型，它们为什么会灭绝？

答：恐龙，属于爬行动物。它的诞生将爬行动物推向了一个顶峰，并且开创了一个空前的时代。当时，恐龙不仅是陆地上绝对的统治者，还统治着海洋和天空。并且恐龙存在的一亿五千万年期间，还被称作“恐龙时代”。然而，在6 500万年前，恐龙突然灭绝了。

那么，恐龙为什么会灭绝呢？尽管众说纷纭，但是陨石碰撞说是被大家普遍接受的。因为当时陨石撞击地球产生了铺天盖地的灰尘，极地积雪融化，植物毁灭了，火山灰也充满天空。一时间气温骤降，大雨滂沱，山洪暴发，泥石流将很多动物和植物卷定并埋葬起来。在以后的数月乃至数年里，天空依然尘烟翻滚，乌云密布，地球因终年不见阳光而进入低温中，苍茫大地一时间沉寂无声，恐龙也跟着灭绝了。

3. 哺乳动物和其他类型的动物相比，有哪些优势？

答：哺乳动物是动物发展史上进化的最高级阶段。和其他类型的动物相比，它的显著特征表现为，口腔中的牙齿也有明确的分工；听觉更灵敏了，由一块耳骨发展出了三块听骨，成年后身体基本停止了生长，对环境的需求不再增多，如不必因体形的增大而频繁更换住处，对食物维持在一个常量上；体温相对比较恒定，使得新陈代谢比较稳定，加上体表有毛发能保温、隔热，扩大了生活的领域；具有胎生和分泌乳汁、哺乳幼仔的特征，因此，在对后代的照顾上进化了一大步，提高了繁殖后代的能力，使后代的成活率大大提高。

第五部分小测验答案

一、单项选择题

1–5　　C　A　C　D　A

6–9　　D　B　B　C

二、填空题

1. 达尔文
2. 南方古猿　能人　直立人　智人
3. 北京人　山顶洞人
4. 南方古猿　能人　直立人　智人
5. 脑容量
6. 双手　智能
7. 直立行走

三、问答题

1. 人类和类人猿有哪些区别?

答：从骨骼来看：类人猿的骨骼，其前肢明显长于后肢，其行走方式为半直立行走，而且善于臂行。而人类的上肢比较短细，下肢比较长，具有粗壮的股骨，其行走方式为直立行走。

2. 你认为在现代地球所提供的条件下，类人猿能否进化为人类？为什么?

答：类人猿不可能进化为人类。其原因有两个：一方面是内因，即现在的类人猿的形态结构和生理特点、生活习性与森林古猿不完全相同；另一方面是外因，即来自于外界的环境条件，也就是现在地球上的自然条件与森林古猿进化时的情况不同。

3. 虽然“人猿同祖”，但是人口的数量不断增加的同时，大猩猩的数量却在日益减少，你知道这是什么原因引起的吗？

答：大猩猩的减少是因为人口不断增长，人类不断开发大猩猩赖以生存的森林，使它们的生存空间越来越小，以及人类对大猩猩的乱捕、滥杀，以及因森林减少导致的干旱等，使得大猩猩日益减少。

生命的未来

在生命进化的过程中，虽然人类最终主宰了整个世界，但是人类文明发展也带来了许多负面的影响，如生态环境的破坏、生态失衡等。

生态环境失衡之后，地球开始出现温室效应、水土流失、土地荒漠化或盐碱化、臭氧层破坏、酸雨等问题。

当生态环境不能恢复到原来比较稳定的状态时，生态系统的结构和功能就会遭到破坏，造成系统成分缺损（如生物多样性减少等），结构变化（如动物种群的突增或突减、食物链的改变等），能量流动受阻，物质循环中断，更严重的就是生态灾难。

生物进化的历程是生物逐渐演变向前发展的过程。普遍的规律是，生物由低等发展到高等，由简单发展到复杂。因此，地球上的各种生物，无论是现在，还是未来，极少是和远古时代的祖先一模一样的。进化的过程是极其缓慢的，要经过长期的自然选择和逐渐演化。除了由低等进化到高等外，生物的种类也在不断地增多。今天的物种远比远古时代的物种丰富得多，未来还将不断地丰富。

关于生命的过去，无论是躯体、智慧、文明的形成，还是疾病、衰老和死亡的发生，都是演化的结果。

关于生命的现在，环境污染，许多物种濒临灭绝，危及整个生物圈，因此，保护自然和生态环境刻不容缓。

关于生命的未来，相信人类和其他生物还会继续进化，但是肯定会受现代社会、经济、科学技术、军事以及许多不可预知的因素的影响，因此，我们对未来的生命世界充满期待。

目前，我们要心怀感恩，感怀生命进化的伟大，尊重生命科学的神奇，感恩自然的神奇回馈。只要抱着敬畏、感恩和相信的心态，生命的未来才会十分光明，且值得我们每一个人期待。